精选毛衫

编织

150

例

谭阳春 主编

辽宁科学技术出版社

·沈 阳·

本书编委会

主　编　谭阳春

编　委　王艳青　罗　超　李玉栋　贺梦瑶　王丽波

图书在版编目（CIP）数据

精选毛衫编织150例/谭阳春主编. —沈阳：辽宁科
学技术出版社，2011.9
　ISBN 978-7-5381-7022-1

　Ⅰ. ①精… Ⅱ. ①谭… Ⅲ. ①棒针 —绒线 — 编织 — 图集
Ⅳ. ①TS935.522-64

中国版本图书馆CIP数据核字（2011）第116137号

如有图书质量问题，请电话联系
湖南攀辰图书发行有限公司
地　　　址：长沙市车站北路236号芙蓉国土局B
　　　　　　栋1401室
邮　　　编：410000
网　　　址：www.penqen.cn
电　　　话：0731-82276692　82276693

出版发行：辽宁科学技术出版社
　　　　　　（地址：沈阳市和平区十一纬路29号　邮编：110003）
印　刷　者：湖南新华精品印务有限公司
经　销　者：各地新华书店
幅面尺寸：185 mm×210mm
印　　张：9
字　　数：40千字
出版时间：2011年9月第1版
印刷时间：2011年9月第1次印刷
责任编辑：郭　莹　众　合
摄　　影：郭　力
封面设计：天闻·尚视文化
版式设计：天闻·尚视文化
责任校对：合　力

书　　　号：ISBN 978-7-5381-7022-1
定　　　价：24.80元
联系电话：024-23284376
邮购热线：024-23284502
淘宝商城：http://lkjcbs.tmall.com
E-mail：lnkjc@126.com
http://www.lnkj.com.cn
本书网址：www.lnkj.cn/uri.sh/7022

目录

CONTENTS

红色性感长衫

做法：P073~P074

搭配指数

★★★★

/// 红色针织外套，无论是搭配
牛仔裤还是搭配性感长袜，都会大方
得体。

百搭小外套

做法：P075~P076

适合体型：高挑体型，苗条体型，娇小体型。

适合场合：宴会，访友。

搭配指数
★ ★ ★ ★

充满运动风的外套，是各位美眉春天展现的别样风情，怀旧感的牛仔裤穿起来很有味道，配上反转设计的紫色外套，亮眼之余也呈现淑女之美！

优雅大开衫

做法：P076~P077

适合体型：高挑体型，微胖体型。
适合场合：逛街，约会，访友。

搭配指数
★★★★

浅灰色大开衫不规则的下摆充满动感气息，搭配蓝色牛仔裤或黑色吊带衫更加显得迷人有味道。

魅力开襟衫

做法：P078~P080

适合体型：高挑体型，苗条体型。
适合场合：约会，郊游，访友。

搭配指数
★ ★ ★ ★

独特的领口设计，尤其是那一排耀眼的花朵，实在漂亮，里面搭配深色底衫，让你整个春季都魅力无限。

素雅长款开衫

做法：P081~P082

做法：P081~P082

适合体型：高挑体型，微胖体型。
适合场合：逛街，郊游，访友。

搭配指数
★ ★ ★ ★

简约的设计，个性的毛须下摆，十分洋气。淡雅的色彩，让你无论怎样搭配都紧跟时尚潮流。

个性系带开衫

做法：P083~P084

适合体型：高挑体型，苗条体型。
适合场合：逛街，郊游。

搭配指数
⭐⭐⭐⭐

别致的装饰花样，使毛衣看起来十分有个性，系带的设计，增添了穿着者的女人风韵。

华丽长款开衫

适合体型：微胖体型，高挑体型。
适合场合：逛街，宴会，访友。

搭配指数
★★★★☆

010

舒适的披肩式外套是时尚达人突显好品位的热门单品。别致的流苏，与细致的条纹，体现不同的潮流元素。

精致流苏开衫

做法：P087~P088

适合体型：高挑体型，微胖体型。
适合场合：逛街，郊游，宴会。

搭配指数
★★★★

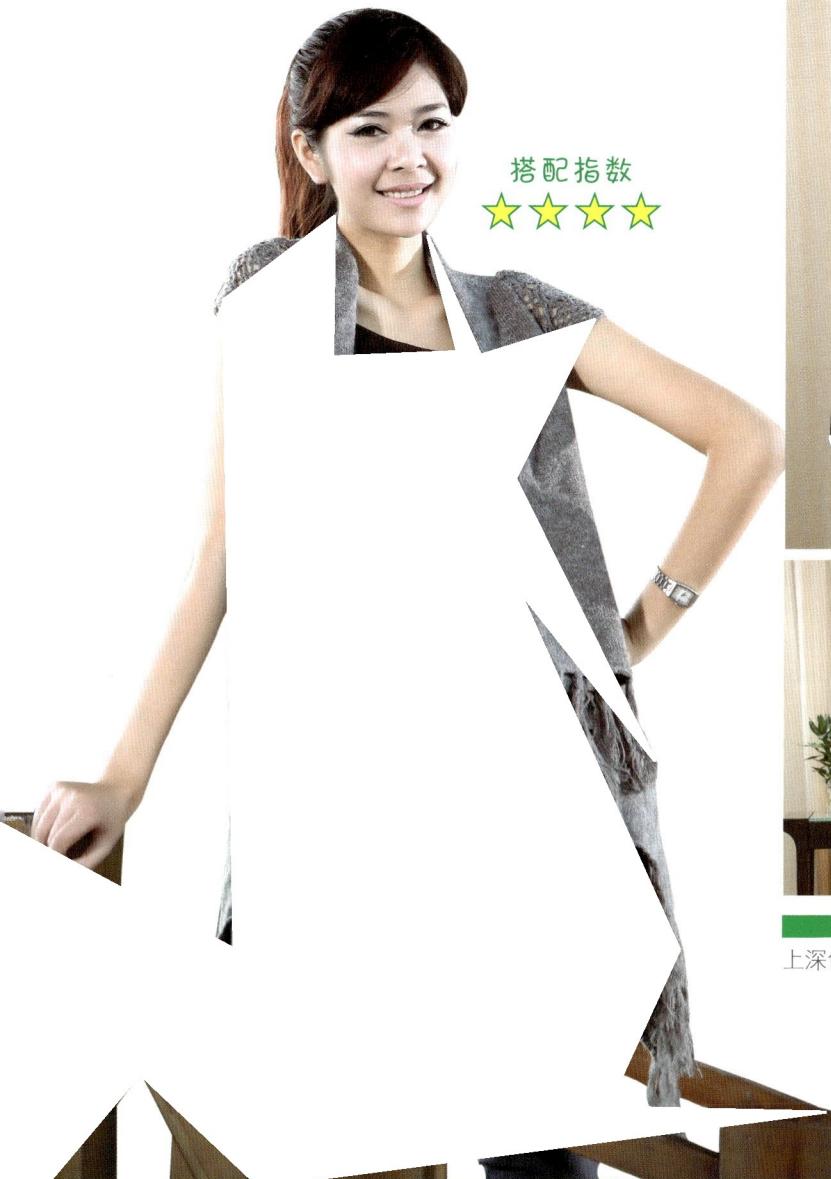

个性的流苏，精致的镂空花纹衣袖，配上深色的打底衫，一定让你看上去自信无比。

轻盈薄款开衫

做法：P089~P090

适合体型：高挑体型，苗条体型。
适合场合：宴会，访友。

搭配指数
★★★★

柔软轻薄的选料，简约时尚的款式设计，使衣服整体轻盈飘逸，衬托出娇美可人的你。

甜美系带开衫

做法：P091~P092

适合体型：高挑体型，苗条体型。
适合场合：逛街，郊游。

搭配指数
★ ★ ★ ★

精美的花纹，轻薄的质感，系上灵动飘逸的带子，穿上它会让你立刻美丽动人。这一款毛衣的设计带有波西米亚式的风格，不规则的下摆，为内搭的深色T恤带来更多层次感，前卫却不夸张的设计，适合想要随时改变造型的你。

013

灰色V领开衫

做法：P093~P094

适合体型：娇小体型，苗条体型。
适合场合：郊游，访友。

搭配指数
★★★★

低调的灰色，时尚的大V领，搭配经典的黑色打底衫，让你看起来既休闲又时髦。

翻领长款开衫　　做法：P095~P097

适合体型：高挑体型，微胖体型。
适合场合：郊游，访友。

搭配指数　★★★★

素雅的颜色，翻领的设计，让这款毛衣休闲味十足，独特的肩部设计，透着对审美独特的追求。

活力褶皱开衫

做法：P098~P099

适合体型：高挑体型，苗条体型，微胖体型。
适合场合：郊游，访友。

搭配指数
★★★★

随性的大开襟，简约的款式设计，淡雅的
单色调，随意自然却又与众不同。

系扣长款开襟

做法：P100~P101

适合体型：高挑体型，苗条体型。
适合场合：逛街，郊游，访友。

搭配指数
★★★★

/// 淡雅的颜色，配上美丽精致的编织花样，恰到好处的纽扣设计，让大气的整体设计更添了几分含蓄。

白色深V领装

做法：P102~P104

适合体型：高挑体型，苗条体型，娇小体型。
适合场合：逛街，郊游，访友。

搭配指数
★★★★

素净的白色，简约的款式，精致的花样，这样的毛衣怎样搭配都是经典。

系带小披肩

做法：P105~P106

正面以荷叶花边作装饰，为平凡的设计增添了独特之处，再衬以黑色背心，更显得稳重。

搭配指数

★★★★

雅致小外套

做法：P107~P108

适合体型：娇小体型，苗条体型。
适合场合：逛街，郊游，访友。

搭配指数
★★★★

/// 淡雅的色系，柔和的圆边，令衣服从每一个角度看都很有层次感。

白色风情开衫

做法：P109~P110

做法：P109~P110

适合体型：高挑体型，苗条体型，娇小体型。

适合场合：逛街，郊游，宴会。

搭配指数 ★★★★

/// 纯净的白色，潮流的款型，简约而不单调，从朴素中也透出高贵。

清纯圆领开衫

做法：P110~P111

适合体型：娇小体型，苗条体型。
适合场合：逛街，郊游，访友。

搭配指数
★★★★

简单的百搭流行款，针织衫透出淡淡女人味，圆领的简单修饰便露出锁骨，优雅迷人。

妩媚条纹开衫

做法：P112~P113

适合体型： 高挑体型，苗条体型。
适合场合： 逛街，郊游，访友。

搭配指数
★★★★

条纹衫的整洁干练非常适合通勤上班族，简单而个性鲜明的开衫，精致考究的设计，为明朗的条纹衫注入丝丝温婉、纤巧。

简约镂空短装 做法：P114~P116

适合体型：娇小体型，苗条体型。
适合场合：逛街，郊游，访友。

搭配指数
★★★★

方格网眼的唯美小外套，用乔其纱做陪边，增添几许柔美气息。搭配镂空长巾点缀出女性浪漫情怀。

性感百搭开衫

做法：P117~P118

适合体型：高挑体型，苗条体型，娇小体型。
适合场合：逛街，郊游，访友。

搭配指数
★★★★

开领设计让你时刻散发性感妩媚的女人味，精细的编织手法，则让你在性感妩媚之中更多了一份典雅。

甜美系扣开衫

做法：P119~P120

适合体型：娇小体型，苗条体型。
适合场合：郊游，访友。

搭配指数
★★★★

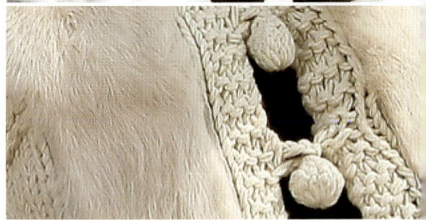

//// 甜美可爱的小开衫，端庄中不失女人的性感和妩媚，高雅华贵不落俗套。

可爱系带短装

做法：P121~P122

适合体型：娇小体型，苗条体型。
适合场合：逛街，郊游。

搭配指数
★★★★

优雅复古镂空系带小针织衫，是一款能让你穿出时尚感的流行单品，快快让我们一起聆听季节之花语，享受季节风情吧！

时尚系带外套

做法：P123~P125

适合体型： 高挑体型，苗条体型，娇小体型。
适合场合： 逛街，郊游。

搭配指数
★ ★ ★ ★

别出心裁的款式设计，配上美丽的荷叶边，令着装者高贵典雅又时尚。

经典花式开衫

做法：P126~P127

适合体型：高挑体型，苗条体型。
适合场合：逛街，郊游，访友。

搭配指数
★★★★

采用柔软的针织材质，弹力较好，款式简洁大方，穿着修身舒适。

雅致交叉领装

做法：P127~P128

搭配指数
★★★★

别致的花样，束腰的款型，每一处都精心编制，突显文雅气质。

棕色系带短装

做法：P129~P130

适合体型：高挑体型，苗条体型，娇小体型。
适合场合：逛街，郊游，访友。

搭配指数
★★★★

引领潮流的咖啡色，独具风格的款式，搭配高贵的黑色打底衫，令你风情万种。

冷艳镂空短装

做法：P130~P131

搭配指数
★★★★

冷艳的蓝紫色，突出前襟的褶皱，下身搭配短裤或者铅笔裤更显苗条！

俏皮花纹开衫

做法：P132~P134

适合体型：高挑体型，微胖体型。
适合场合：逛街，郊游。

搭配指数
⭐⭐⭐⭐

简约的开衫设计突显女性的成熟气质，独特的花纹图案得俏皮、可爱。

时尚个性短装

做法：P135~P136

适合体型：高挑体型，苗条体型。
适合场合：逛街，郊游，访友。

搭配指数
★ ★ ★ ★

极具个性的款式，十分吸引眼球，新颖的针法图案和独特的下摆设计，有欧美流行的时尚味道。

迷人镂空短装

做法：P136~P137

适合体型：娇小体型，苗条体型。
适合场合：逛街，郊游，访友。

搭配指数
★★★★

穿腻了平庸没有特点的衣服，为何不在这个春天挑一件让你看起来倍感时髦的镂空开衫，隐约可见的美肤，清爽的色彩，无论春夏都可以展现好身材。

035

创意褶皱开衫

做法：P138~P139

适合体型：高挑体型，苗条体型。
适合场合：逛街，郊游，访友。

搭配指数
★★★★

精心的编织，美丽的褶皱花边，淡雅的颜色，穿上这样的衣服，怎么看都很美。

花式网眼开衫

做法：P140~P141

适合体型：高挑体型，微胖体型。
适合场合：逛街，郊游，访友。

搭配指数
★★★★

荷叶边针织开衫外套，与众不同的设计款式，散发名媛淑女气质，系带设计增强了造型感和层次感。

俏丽毛毛开衫

做法：P142~P143

适合体型：高挑体型，苗条体型，微胖体型。
适合场合：郊游，聚会。

搭配指数
★★★★

毛毛装饰增加初春温暖感，脖颈间的皮草装饰，优雅而性感。性感的开衫搭配紧身牛仔裤，高跟鞋让整体装扮更加美丽动人。

成熟系带短装

做法：P144~P145

适合体型：高挑体型，苗条体型。
适合场合：逛街，访友。

搭配指数
★★★★

黑色开襟毛衣不仅突出了绝美的高腰围线，而且还给人柔和的视觉效果，搭配精致的饰品更有助于提升时尚感！

深V短款开衫

做法：P146~P147

适合体型：高挑体型，苗条体型，娇小体型。
适合场合：逛街，郊游。

搭配指数
★ ★ ★ ★

短款开襟

这款毛衣的特点是其很深的V领，它可以使你的躯干显得更加修长，而七分的衣长使腰部更加吸引眼球。

连体印花衫

做法：P148~P149

/// 绚丽的色彩在阳光的映衬下，愈发显得亮眼夺目，搭配甜美糖果系的项链或耳环，彰显天真浪漫的少女魅力。

搭配指数

★★★★

惊艳花式镂空衫

做法：P150~P152

适合体型：高挑体型，苗条体型。
适合场合：访友，居家，逛街。

搭配指数
★★★★

拥有强烈诱惑力的红色，恰到好处的镂空设计，而整体简约的设计使着装者散发出一股迷人的气息，搭配一件深色的外套让你性感迷人又不失理性。

橙色竖纹短装

做法：P153~P154

适合体型：高挑体型，微胖体型。
适合场合：访友，居家。

搭配指数
★★★★

橘色不仅是温暖与热情的象征，更是简约、时尚的代表，而衣服上条形的麻花和袖子的镂空设计都能提升女性的热情指数，搭配一件同色系的外套更能体现出你的魅力。

别致网眼毛衫   做法：P155~P156

适合体型：娇小体型，苗条体型。
适合场合：访友，求职。

搭配指数
★ ★ ★ ★

袖
型

044 ///// 纯色的毛线不会让你眼花缭乱，网眼的独特
花样设计使整体看上去非常别致，搭配黑色牛仔裤更能
增加下半身的修长感。

紫色蝴蝶上装

做法：P157~P158

适合体型：高挑体型，苗条体型。
适合场合：逛街，访友，居家。

不管是为了赶时髦还是为了追求神秘感，紫色都是不错的选择，搭配上一件玫红的底衣更会让你独具优雅与娇媚感。

个性蝙蝠衫

做法：P159~P161

适合体型：高挑体型，微胖体型。
适合场合：逛街，访友。

搭配指数
★★★★

袖
型

蝙蝠袖的开衫式毛衣适合喜欢夸张和都市化打扮的女性，这件毛衣的半身设计就独具个性。在超大领口的毛衣里面搭配一件别具特色的花领衬衫，增加一丝甜美可爱感。

俏皮条纹装

做法：P162~P164

适合体型：高挑体型，苗条体型。
适合场合：逛街，求职。

搭配指数
★★★★

粗细相间疏密有致的横条纹图案，是针织毛衣的上选。色彩多而不乱、花而不杂，搭配一条紧身的牛仔裤更能突显女性的身材。

休闲短袖薄衫

做法：P165~P166

适合体型：苗条体型，丰满体型。
适合场合：居家，逛街。

搭配指数
★★★★

菱形花纹图案，毛衣薄如蝉翼的质感再加上短袖独有的韵味，搭配灰色裤子能够突显着装者沉稳的个性。

圆领紧身长衫

做法：P167~P168

适合体型：高挑体型，微胖体型。
适合场合：逛街，居家。

搭配指数

★★★★

突显性感的紧身设计，整体双色大块的搭配，性感的同时带有强烈的个性，下身可搭配性感丝袜为你吸引更多目光。

浪漫V领印花衫

做法：P169~P17

适合体型：高挑体型，丰满体型。
适合场合：逛街，郊游。

搭配指数
★ ★ ★ ★

袖

型

050 蓝色为底点缀黑色斑点，黑色为底配上白色小花
都是经典的搭配，不管有没有袖子都能体现出小女人的风
情，修身的设计，搭配超短裤会让你的腿显得更加修长。

淡雅短袖长衫

做法：P171~P172

适合体型：高挑体型，苗条体型。
适合场合：逛街，访友，居家。

搭配指数
★★★★

从肩部到胸部三层式的立体设计，略去了衣袖却层次鲜明充满了立体感，搭配一条舒适的牛仔裤是一个不错的选择。

束腰短袖毛衫

做法：P173~P174

适合体型：苗条体型，丰满体型。
适合场合：居家，上班。

搭配指数
★★★★

淡淡的灰，纯纯的白，两种颜色浑然天成地糅
合在一起，摸上去柔软、舒适，配以休闲裤在春秋季节穿
着是不错的选择。

秀美蝙蝠衫

做法：P175~P176

适合体型：苗条体型，丰满体型。
适合场合：逛街，访友 。

搭配指数
★ ★ ★ ★

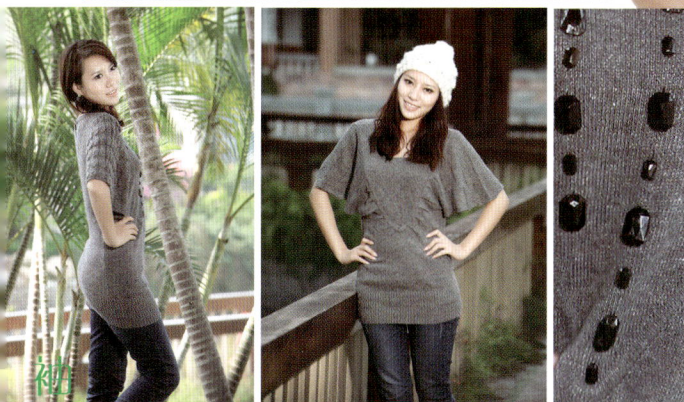

蝙蝠袖的款型给人眼前一亮的感觉，加上胸口部分别具特色的点缀会让你独具魅力。

温馨短袖毛衫

做法：P177~P17

适合体型：高挑体型，苗条体型。
适合场合：居家，求职。

搭配指数
★★★★

淡雅的色彩、细致的线条，突显了都市丽人的高贵气息，配上一条淡蓝色的牛仔裤，尽显忙碌生活中现代女性的独特气质。

宽大蝙蝠袖衫

做法：P179~P180

适合体型：高挑体型，苗条体型。
适合场合：居家，求职。

搭配指数
★★★★

银灰、黑色都是能体现女人成熟魅力的颜色，加上亮点银丝和褶皱，颇显女性的雍容华贵，配上一条亮皮裤更显美丽动人。

清凉无袖衫

做法：P181~P182

适合体型：苗条体型，丰满体型。
适合场合：逛街，访友。

搭配指数
★★★★

白色，单纯简洁，却总能激起人们无限的遐想：纯洁、优雅、高贵、内敛。纯白的毛衣加之细腻的织法任何时间、任何场合都能适用。

短袖荷叶裙

做法：P183~P184

适合体型：高挑体型，苗条体型。
适合场合：居家，郊游。

搭配指数
★★★★

浅色调的衣服看上去知性、优雅，加上修身的设计，搭配净版的锥筒牛仔裤和一双高跟鞋，能体现出女性的清纯可爱。

美丽V领无袖衫

做法：P185~P186

适合体型：苗条体型，娇小体型。
适合场合：逛街，访友。

搭配指数
★★★★

袖
型

058

在用料和设计上极大地迎合了现代都市人追求可爱、甜美、时尚的着装需求，宽松中透着随意，搭配黑色打底衫然后配平底靴子更能突出女性的文雅气质。

休闲菠萝纹衫

适合体型：高挑体型，苗条体型。
适合场合：逛街，访友。

搭配指数
★★★★

经典的粗棒针菠萝纹毛衣，长款设计，百搭实用。整体的菠萝纹一眼望去非常舒服，不管是单穿还是搭配大衣都非常好看！

花样镂空毛衫

做法：P188~P191

适合体型：苗条体型，微胖体型。
适合场合：逛街，访友。

搭配指数
★★★★

朴素、淡雅的白色和米黄色像是阳光洒在身上那种温暖的感觉，搭配上浅色的裤子让人感觉洁净、清新，仿佛置身在大自然中一样。

时髦花式短袖衫

做法：P191~P192

适合体型：苗条体型，高挑体型。
适合场合：访友，逛街。

搭配指数
★ ★ ★ ★

原本看似沉稳的棕色，加上了亮片和一些别致的花式，
看上去多了一丝活泼，搭配牛仔裤穿着会让你显得沉稳大方。

舒适圆领薄衫

做法：P193~P194

适合体型：高挑体型，微胖体型。
适合场合：逛街，访友。

搭配指数
★★★★

细腻的针织衫，圆领的设计，柔美感十足，米黄色显得潮流感十足。

白色V领长袖衫

做法：P195~P196

适合体型：苗条体型，高挑体型。
适合场合：居家，郊游。

搭配指数
★ ★ ★ ★

纯洁的白色能诠释出脱俗、清新，也更能映衬出皮肤的白皙，搭配一条蓝色牛仔裤，加上一双休闲平底鞋，定能体现你青春的活力。

紧身立领长装

做法：P197~P198

适合体型：高挑体型，苗条体型。
适合场合：逛街，上班。

搭配指数
★★★★

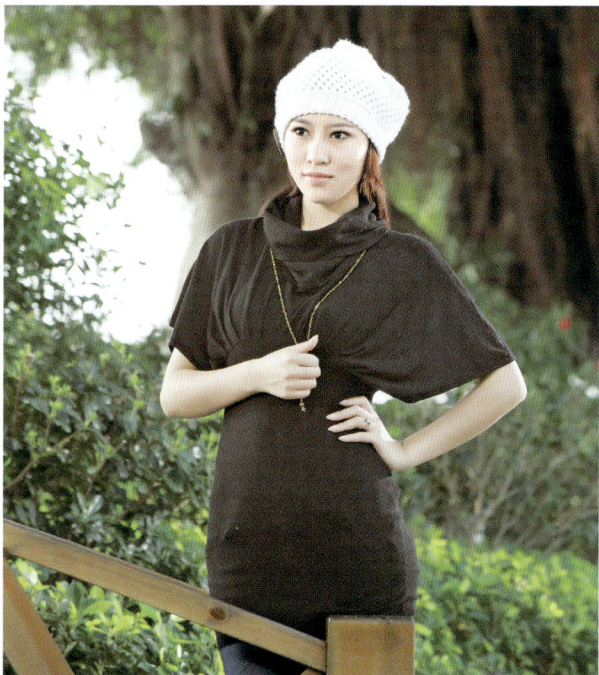

对女性来说，直身裙是百搭的款式，如果与黑色牵手的话，就更不会让你的穿着出错了。长至大腿中部的迷你裙，最为性感，不做任何搭配也会让你显得性感大方，配上一条黑丝袜则更显神秘。

优雅黑色束腰装

做法：P199~P200

适合体型：高挑体型，苗条体型。
适合场合：逛街，访友。

搭配指数
★★★★

黑色的毛线加上竖条纹，将女性的身材突显得淋漓尽致，搭配上一条紧身牛仔裤会让你显得更加性感。

清新系带中袖衫

做法：P201~P202

适合体型：微胖体型，高挑体型。
适合场合：逛街，郊游，访友。

搭配指数
★★★★

清新淡雅的颜色，略带乖巧感的设计让人觉得既高雅又可爱，配上休闲长裤别有一番风情。

素雅镂空毛衫

做法：P203~P204

适合体型：高挑体型，苗条体型。
适合场合：居家，郊游。

搭配指数
★★★★

镂空的设计让你在春秋季节温度偏高的天气也能穿着心爱的针织衫，浅色的衣服，随意的款型搭配休闲裤或者裙子都是不错的。

简约V领长袖衫

做法：P205~P20

适合体型：苗条体型，娇小体型。
适合场合：逛街，郊游。

搭配指数
★★★★

小巧的V领以及精致的袖口设计，使整件衣服显得简洁大方，搭配深蓝色的裤子会让穿着者看起来大方自然。

可爱蝙蝠衫

做法：P207~P208

适合体型：高挑体型，微胖体型。
适合场合：访友，约会。

搭配指数
★★★★

深色蝙蝠衫装饰的银色线，层次感十足，又慵懒可爱，搭配牛仔裤十分修身。

性感无袖毛衫

做法：P209~P210

适合体型：高挑体型，苗条体型。
适合场合：逛街，访友。

搭配指数
★★★★

宽大衣领独特的设计给人一种俏皮可爱的感觉，也能突出女性的骨感美，可以搭配休闲牛仔裤、平底鞋穿着。

休闲V领条纹衫

做法：P211~P212

适合体型：微胖体型，苗条体型。
适合场合：访友，逛街。

宽松的设计让人看起来随性大方，搭配裤子、裙子穿着都是不错的选择。

搭配指数
★★★★

白色圆领透视装

做法：P213~P21

适合体型：苗条体型，高挑体型，娇小体型。
适合场合：逛街，访友，约会。

搭配指数
★ ★ ★ ★

柔和的白色，独具个性的网格和拉丝造型让穿着者显得时尚，配上黑色的底衣穿着不失性感。

制作图解

红色性感长衫

【成品尺寸】衣长76cm　胸围97cm　肩宽37cm　袖长58cm

【工具】2.25mm棒针

【材料】橘色毛线600g

【密度】10cm²：20针×30行

【制作过程】

　　1. 后片：起96针编织花样，织30cm后改织双罗纹针，再织15cm后改织反针，织15cm后开始如图所示收袖窿，在离衣长3cm时收后领。

　　2. 前片：起96针编织花样，织30cm后改织双罗纹并如图所示收前领，织15cm双罗纹后改织反针，继续织15cm后开始收袖窿。

　　3. 袖片：起64针编织花样，如图所示边织边收袖口，织15cm后改织双罗纹针并开始加针，织10cm后改编织反针，织至21cm时开始收袖山，编织两片。

　　4. 缝合：将前、后片与袖片进行缝合。

5. 衣摆：起194针编织花样14cm，然后缝在腰身双罗纹与花样连接处。

6. 整理：衣服挑226针，编织反针12cm后平收，然后在同样的位置再挑226针，编织反针8cm后平收。

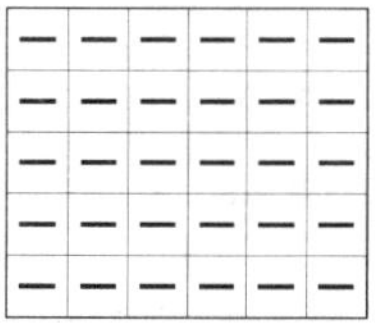

反针图解

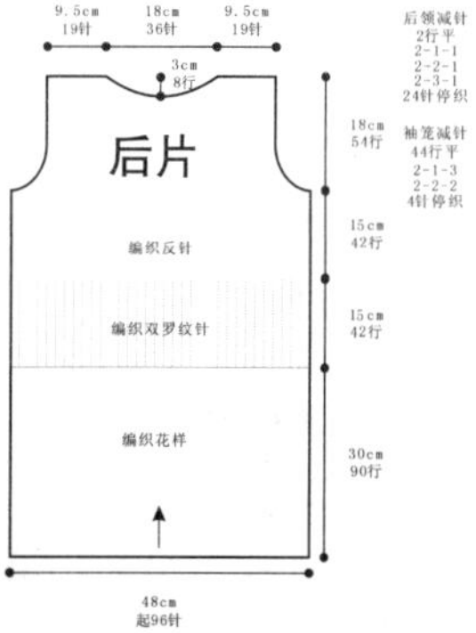

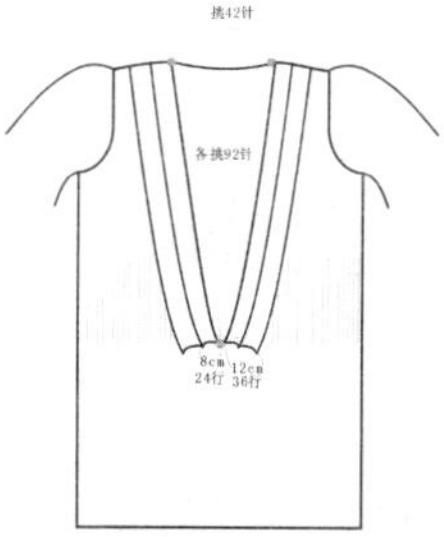

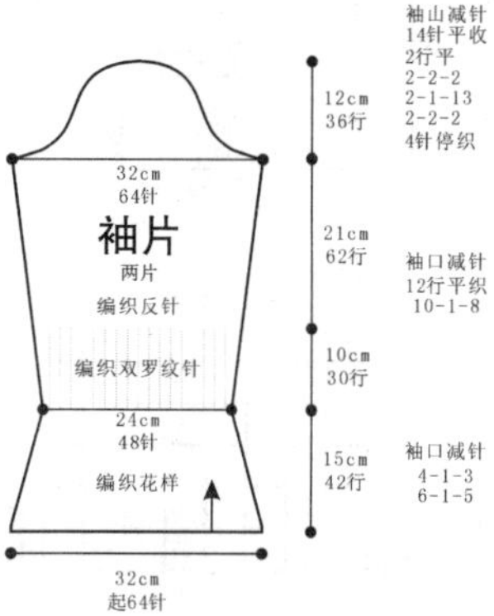

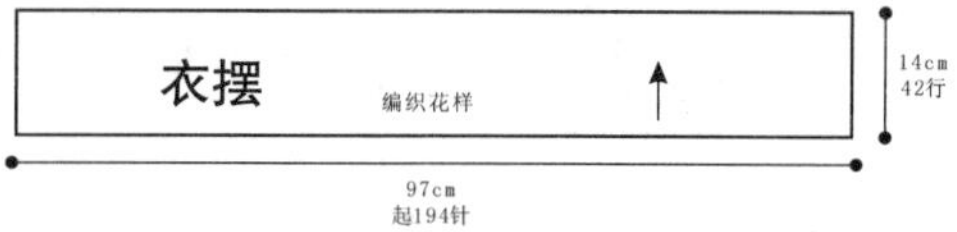

袖片
两片
编织反针
编织双罗纹针
编织花样

袖山减针
14针平收
2行平
2-2-2
2-1-1
2-2-2
4针停织

袖口减针
12行平织
10-1-8

袖口减针
4-1-3
6-1-5

32cm 64针
24cm 48针
32cm 起64针

12cm 36行
21cm 62行
10cm 30行
15cm 42行

后片
编织反针
编织双罗纹针
编织花样

9.5cm 19针　18cm 36针　9.5cm 19针
3cm 8针

后领减针
2行1-1
2-2-1
2-2-1
2-3-1
24针停织

袖笼减针
44行平织
2-1-3
2-1-1
2-2-2
4针停织

18cm 54行
15cm 42行
15cm 42行
30cm 90行

48cm 起96针

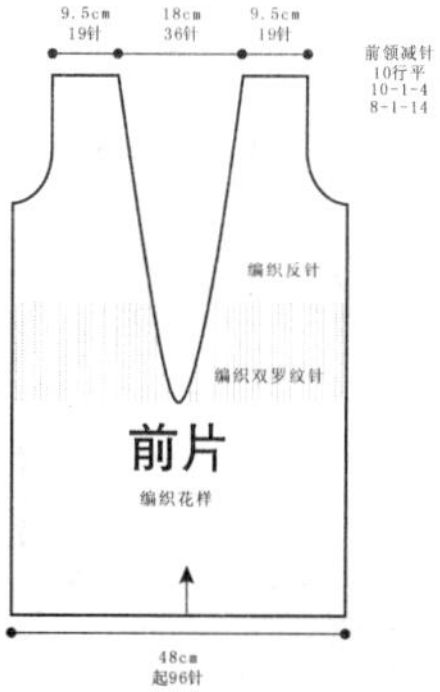

前片
编织反针
编织双罗纹针
编织花样

9.5cm 19针　18cm 36针　9.5cm 19针

前领减针
10行1-1
10-1-4
8-1-14

48cm 起96针

衣摆　编织花样

97cm 起194针

14cm 42行

挑42针

各挑82针

8cm 12针
24行 36行

花样

双罗纹图解

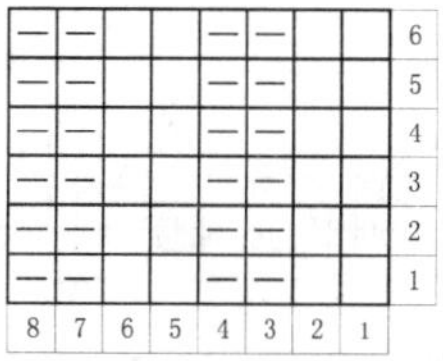

								6
								5
								4
								3
								2
								1
8	7	6	5	4	3	2	1	

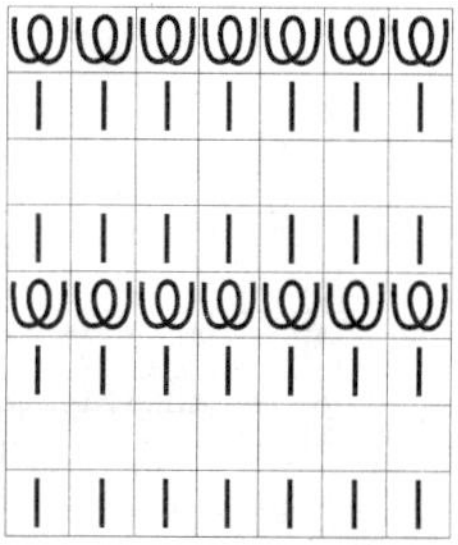

【成品尺寸】衣长75cm　胸围84cm　肩宽36cm　袖长15cm

【工具】6号棒针

【材料】红色毛线1200g

【密度】10cm²：28针×40行

【制作过程】

　　1. 前片：单罗纹起针法起74针，花样A编织24cm，按下摆减针，减为37针后花样B编织33cm，按前袖窿减针和前领减针，织出前袖窿和前领，门襟挑针织下针，编织2cm后，对折缝合。上面织出为左片，再对称织出右片。

　　2. 后片：单罗纹起针法起132针，花样A编织24cm，按后片下摆减针减为126针，下针编织15cm后，双罗纹编织8cm再下针编织，按后袖窿减针及后领减针，织出后袖窿和后领。

　　3. 袖片（两片）：单罗纹针起100针，单罗纹编织2cm，按袖山减针，织出袖山。

　　4. 缝合：两片前片和后片肩部，腋下缝合，袖片单罗纹处缝合，装袖。

　　5. 挑领织帽子：见连帽图解。

说明：前领和后领各挑25针、42针。先织2行，再按图解中间6针两侧加3针，每4行加1针，织12行后，不加不减织98行，再中间6针两侧减5针，每2行减1针减5次，帽边缝合。帽沿挑针编织2cm后，对折缝合。

百搭小外套

【成品尺寸】衣长60cm　胸围120cm　袖长60cm

【工具】9号环形针

【材料】粉色银丝交织毛线300g

【密度】$10cm^2$：25针×32行

【制作过程】单股线编织，短袖衣由单片编织完成。

　1. 衣片：起149针，编织花样衣片，不加减针编织288行，形成90cm×60cm长方形，收针断线。沿两长边挑织双罗纹针边，共织15cm，沿宽边对折后两侧留出袖口位置，按图所示，将标注符号处对应缝合。

　2. 袖片：另起针，沿袖口分别挑织两侧双罗纹针袖片，不加减针织24cm。

　3. 说明：此短袖衣可根据个人喜欢调节尺寸，织成的长方形越大，衣服的尺寸就越大。

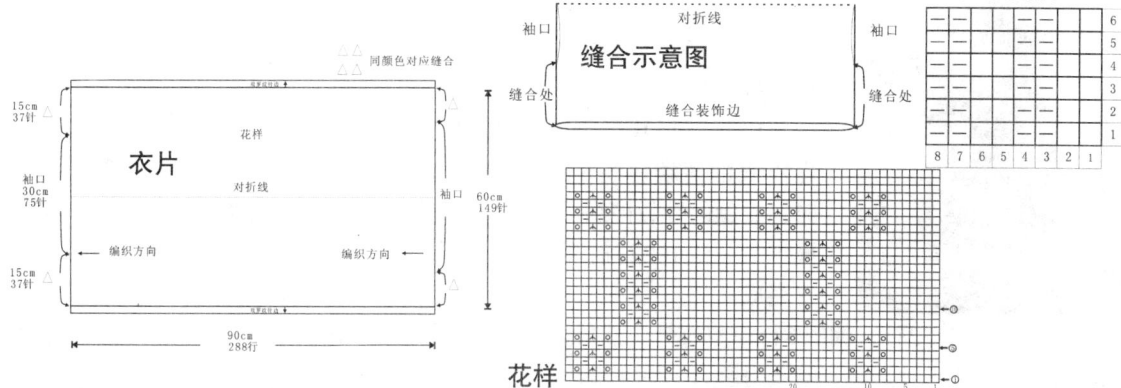

双罗纹图解

缝合示意图

衣片

花样

【成品尺寸】衣长72cm　肩宽38cm

【工具】4mm棒针

【材料】酒红色万支马海毛线200g　同色系亮片若干

【密度】$10cm^2$：24针×32行

【制作过程】1. 前、后片：起192针编织花样，50cm后先编织72针，然后平收36针，最后把剩下的84针织完，第二行在前一行平收的地方再平加出36cm来。继续编织38cm后重复上一操作，平收和平加36针。接着再编织50cm后收针。

　2. 缝合：按图示在相应区域内随便缝好亮片。

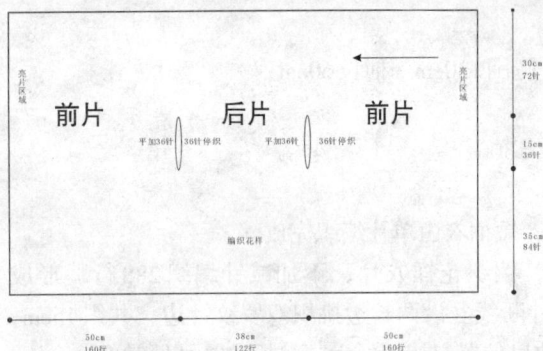

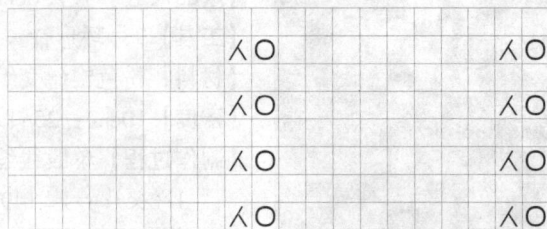

前片　　　后片　　　前片

平加36针　36针伸织　平加36针　36针伸织

编织花样

30cm
72针

15cm
36行

35cm
84行

50cm
160行　　38cm　　50cm
122行　　160行

优雅大开衫

【成品尺寸】衣长80cm　胸围88cm　肩宽34cm　袖长56cm

【工具】3mm棒针

【材料】夹花毛线1250g

【密度】10cm²：24针×30行

【制作过程】

1. 前、后片：衣身横织，起192针，织12行单罗纹，开始织反针，在衣服的两端各织6针单罗纹，织132行后开始如图所示收袖窿。这时，衣领的针数停织。袖窿收加好后，把领子的针数平织16行，与衣身同织；平织102行后开另一个袖窿，方法同前。织好另一个前片后，衣身完成。

2. 袖片：起52针，编织6行单罗纹针，然后开始反正编织，如图所示进行加针，织126行后开始收袖山。编织两片，将其与衣身缝合。

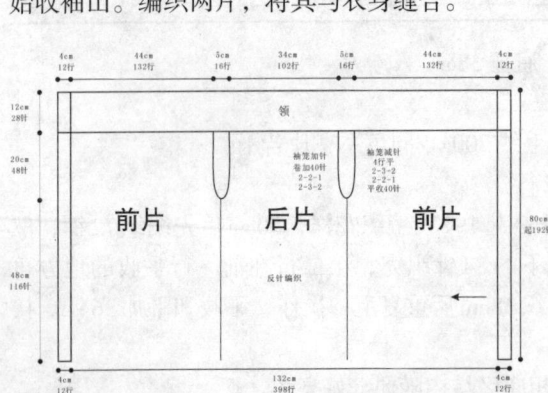

4cm　44cm　5cm　34cm　5cm　44cm　4cm
12行　132行　16行　102行　16行　132行　12行

领

12cm
28针

20cm
48针

袖笼加针　　袖笼减针
每3行6针　　4行3针
　　　　　　2-3-1
2-3-2　　　2-3-2
　　　　　　平收40针

前片　　　后片　　　前片

80cm
起192针

48cm
116行

反针编织

4cm　　132cm　　4cm
12行　　398行　　12行

单罗纹图解

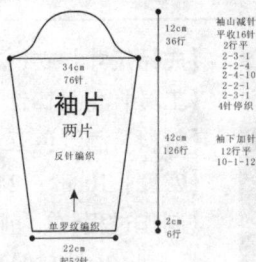

12cm
36行

袖山减针
平收16针
2行平
2-3-1
2-2-4
2-4-10
2-2-1
2-3-1
4针停织

34cm
76针

袖片
两片

反针编织

42cm
126行

袖下加针
12行平
10-1-12

2cm
6行

单罗纹编织

22cm
起52针

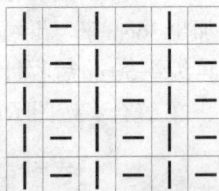

反针
图解

【成品规格】衣长56cm　胸围88cm　肩宽32cm　袖长58cm

【工具】3mm棒针

【材料】进口马海毛线500g

【密度】10cm²：20针×28行

【制作过程】

　　1. 后片：起88针，从下往上织，编织8行单罗纹后，开始织，织35cm后如图所示收袖窿，在离衣长3cm时，收后领，后片编织完成。

　　2. 前片：起44针，从下往上织，编织8行单罗纹后，开始织，织31cm后如图所示收前领，再编织4cm后，开始收袖窿，编织两片，前片编织完成。

　　3. 袖片：起44针，从下往上织，编织8行单罗纹后开始织平针，如图所示进行加针，织43cm后开始收袖山，编织两片，袖片编织完成。

　4. 领和门襟：起40针，编织元宝针，织67cm后收针，编织两片，门襟编织完成。

　5. 缝合：前后片侧缝，肩缝缝合后上袖子，门襟两片先对接，然后安装在前片和领边上。

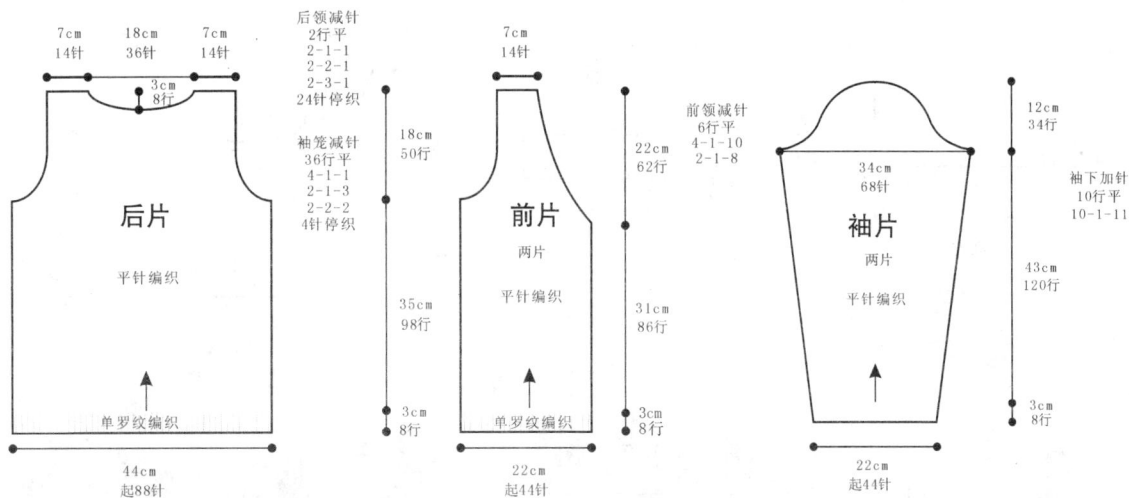

后片

7cm / 14针　18cm / 36针　7cm / 14针

3cm / 8行

后领减针
2行平
2-1-1
2-2-1
2-3-1
24针停织

袖笼减针
36行平
4-1-1
2-1-3
2-2-2
4针停织

18cm / 50行

平针编织

35cm / 98行

单罗纹编织

44cm / 起88针

前片

7cm / 14针

前领减针
6行平
4-1-10
2-1-8

22cm / 62行

两片

平针编织

31cm / 86行

单罗纹编织

3cm / 8行

22cm / 起44针

袖片

34cm / 68针

12cm / 34行

袖下加针
10行平
10-1-11

两片

平针编织

43cm / 120行

3cm / 8行

22cm / 起44针

领和门襟

两片

编织元宝针

20cm / 起40针

67cm / 188行

单罗纹图解

元宝针法

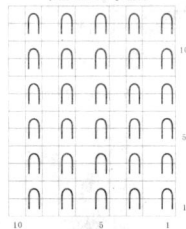

魅力开襟衫

【成品尺寸】衣长65cm　胸围90cm　肩宽35cm　袖长25cm

【工具】3mm棒针　小号钩针

【材料】咖啡色毛线350g

【密度】10cm²：28针×40行

【附件】纽扣3枚

【制作过程】

1. 衣片：衣服分上、中、下三段编织，按图所示编织。衣服前、后下片要比前、后上片大点，缝合时衣服前后各打四个褶。

2. 袖片：起78针，织花样3cm，往上织下针，按图解编织。

3. 按图挑门襟，一片开3个扣眼，一片钉3枚纽扣。纽扣按编织说明编织，里面放入棉花或硬物。缝合后清洗、熨烫。

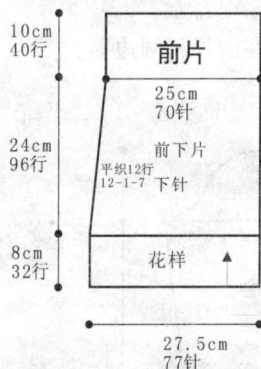

10cm 40行
前片
25cm 70针
24cm 96行
前下片
平织12行
12-1-7 下针
8cm 32行
花样
27.5cm 77针

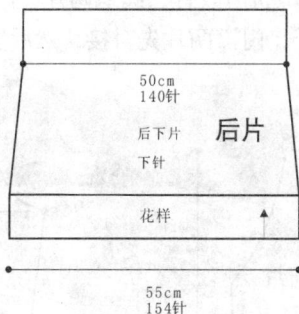

50cm 140针
后片
后下片
下针
花样
55cm 154针

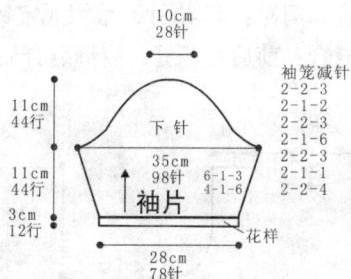

10cm 28针
11cm 44行
下针
袖笼减针
2-2-3
2-1-2
2-2-3
2-1-6
2-1-2
2-1-1
2-2-4
35cm 98针
6-1-3
4-1-6
11cm 44行
3cm 12行
袖片
花样
28cm 78针

腰部

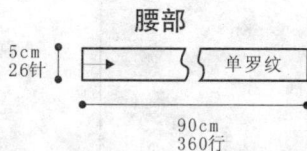

5cm 26针
单罗纹
90cm 360行

单罗纹图解

								6
								5
								4
								3
								2
								1
8	7	6	5	4	3	2	1	

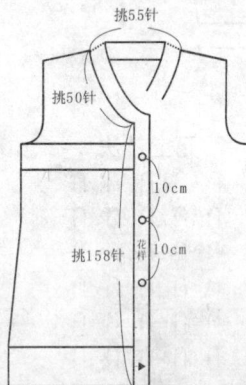

挑55针
挑50针
挑158针
10cm
10cm
花样
10cm

纽扣的编织方法：
1. 2个辫子，以第一针做环，钩6个短针
2. 每针上钩2个短针（12针）
3. 第三圈钩18个短针，第四圈钩24个短针，钩到自己想要的宽度对比一下。
4. 然后不加不减的钩一圈短针
5. 像加针那样，每圈减6针，减到最后剩下6针
6. 不加不减的钩6针短针，结束。

花样

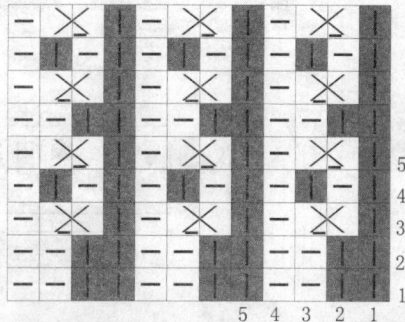

5 4 3 2 1
5 4 3 2 1

【成品尺寸】衣长70cm　胸围84cm　肩宽38cm　袖长22cm

【工具】13mm钢针

【材料】金丝毛线1000g

【密度】10cm²：35针×50行

【附件】10枚圆形纽扣

【制作过程】

1. 前片：双罗纹针起81针，双罗纹编织8cm，按下摆减针，下针织入28cm，按袖窿减针及前领加针，织出前领和袖窿，收针前9cm为领。

2. 后片：编织方法与前片类似，不同之处为起针为162针。后领如图所示，两边收针，中间14cm按原花样编织9cm。

3. 袖片（两片）：双罗纹针起126针，双罗纹编织2cm，按袖下加针织出袖下，按袖山减针织出袖山。

4. 装饰边（两条）：如图，双罗纹编织。

5. 整理：前片、后片、肩部、腋下缝合；领缝合，注意后领和前领缝合处；袖片、袖下缝合；装袖；缝上两条装饰边，在指定位置钉上纽扣。

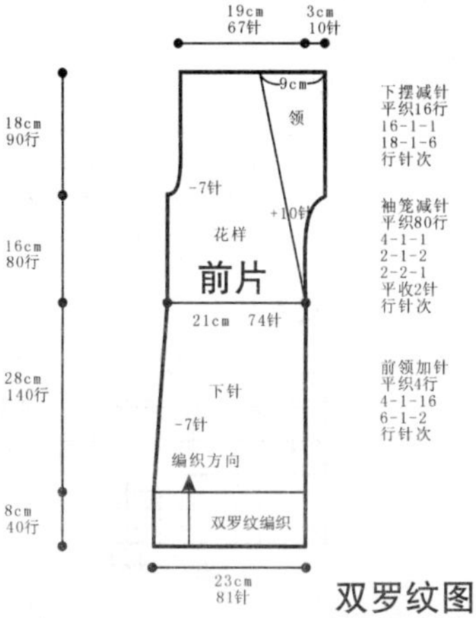

前片

18cm 90行　16cm 80行　28cm 140行　8cm 40行

19cm 67针　3cm 10针

-7针　花样　+10针

21cm 74针

下针 -7针

编织方向

双罗纹编织

23cm 81针

下摆减针
平织16行
16-1-1
18-1-6
行针次

袖笼减针
平织80行
4-1-1
2-1-2
2-2-1
平收2针
行针次

前领加针
平织4行
4-1-16
6-1-2
行针次

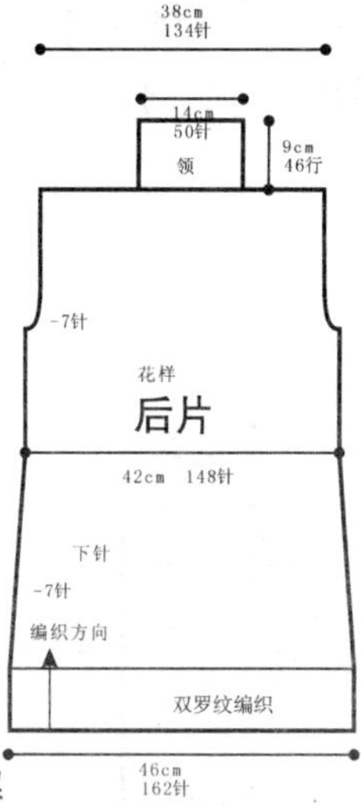

后片

38cm 134针

14cm 50针　领　9cm 46行

-7针

花样

42cm 148针

下针

编织方向

双罗纹编织

46cm 162针

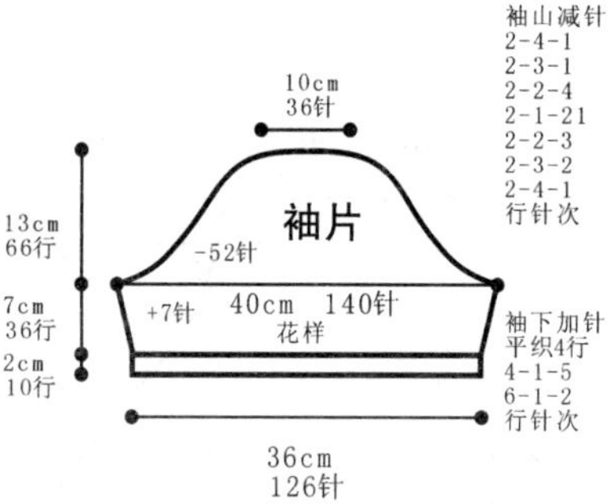

袖片

10cm 36针

13cm 66行　-52针

7cm 36行　+7针　40cm 140针　花样

2cm 10行

36cm 126针

袖山减针
2-4-1
2-3-1
2-2-4
2-1-21
2-2-3
2-3-2
2-4-1
行针次

袖下加针
平织4行
4-1-5
6-1-2
行针次

装饰边两条

5cm 26针　ＯＯＯＯＯ　双罗纹编织　6cm

36cm 126

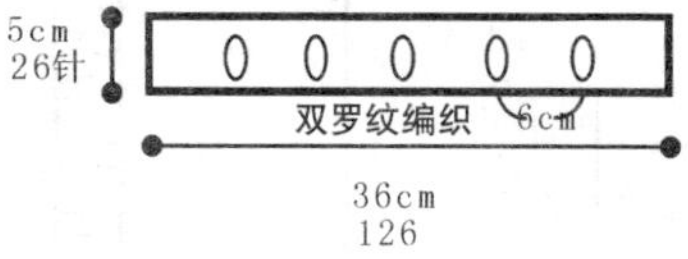

双罗纹图解

8	7	6	5	4	3	2	1	
	—		—		—			6
								5
	—		—		—			4
								3
	—		—		—			2
								1

花样

16	15	14	13	12	11	10	9	8	7	6	5	4	3	2	1	
																8
				Ｏ	Λ	Ｏ	Λ					Ｏ	Λ	Ｏ	Λ	7
																6
				Λ	Ｏ	Λ	Ｏ					Λ	Ｏ	Λ	Ｏ	5
																4
				Ｏ	Λ	Ｏ	Λ					Ｏ	Λ	Ｏ	Λ	3
																2
				Λ	Ｏ	Λ	Ｏ					Λ	Ｏ	Λ	Ｏ	1

【成品尺寸】衣长80cm　胸围86cm　肩宽41cm　臀围94cm

【工具】10mm钢针4枚　环形针

【材料】驼色羊毛线1100g

【密度】10cm²：18针×23行

【附件】3枚驼色圆形纽扣

【制作过程】

1. 前片（左右两片）：双罗纹针起76针，双罗纹编织3cm，上针织36cm，单罗纹织8cm，下针织入10cm后，按袖窿加针和前领减针，织出袖窿和前领，再织23cm。以上织为左片，再对称的织出右片。

2. 后片：双罗纹针起84针，双罗纹编织3cm，上针织36cm，单罗纹织8cm，下针织入10cm后，按袖窿加针和后领减针，织出袖窿和后领。

3. 小花朵（5朵）：普通起针法起33针，下针编织。织8行后，收8针，再将一根长20cm的毛线穿入每个针套内，收掉8针按图进行翻折并缝合；从头开始旋转并拉紧穿入针套的毛线，再进行整理。

4. 大花朵（3朵）：看大花朵图解，类似小花朵制作。

5. 袋边（两片）：双罗纹针起30针，双罗纹编织，织6行。

6. 整理：前、后片、肩部、腋下缝合；用环形针挑领和门襟，分别为182针和240针；门襟部分织至3cm处开扣眼，然后织3cm收针，领再织13cm后，收针。

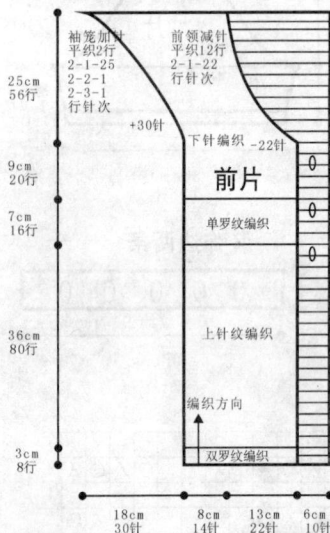

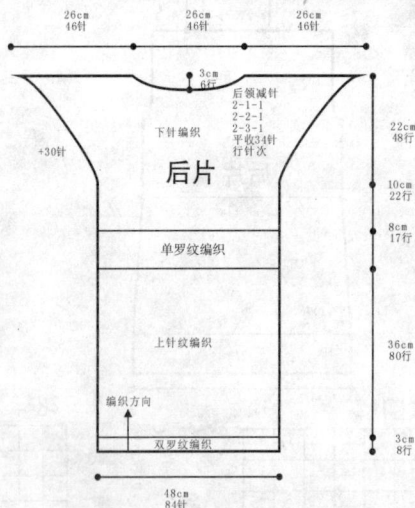

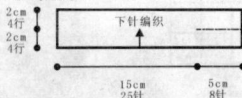

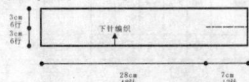

素雅长款开衫

【成品尺寸】衣长75cm 袖长11cm

【工具】10号棒针

【材料】宝蓝色棉绒毛线450g

【密度】10cm²：33针×40行

【制作方法】单股线编织，衣服由一侧衣襟边起针编织。

1. 衣片：起244针，编织75cm×110cm长方形，编织到40cm时，一侧留出32针，开始袖窿减针，来回加减针编织18行后，再连接32针连续编织，减、加针数相同，按结构图尺寸编织完成对称的另一侧。

2. 袖片：起108针单罗纹针，从袖口编织花样B袖片，不加减针织2cm后开始袖山减针，按图完成减针后余26针。同样方法共完成两片。

3. 缝合：将袖片沿袖窿边缝合。两前襟边穿入流苏（流苏制作方法：取毛线数条对折，从装饰带一端由正面穿向反面，将毛线从孔中钩出、收紧，梳理整齐。），流苏密度可根据自己喜欢调节。

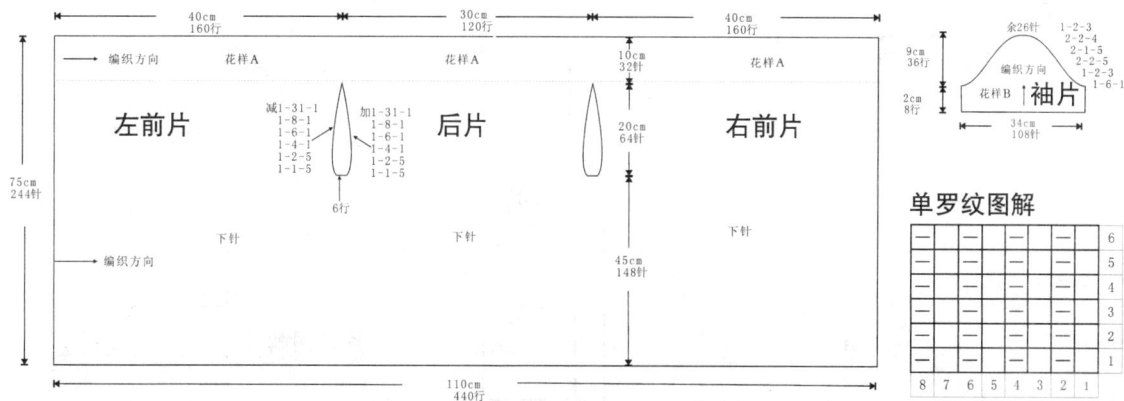

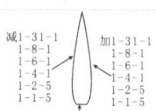

花样A

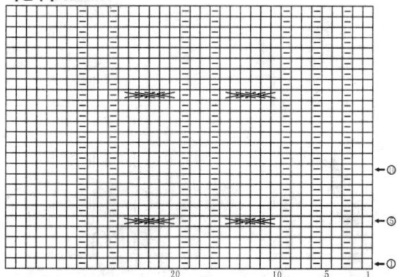

花样B

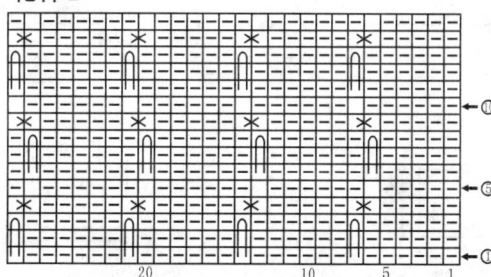

081

【成品尺寸】 衣长70cm 胸围98cm 肩宽37cm 袖长15cm

【工具】4mm棒针

【材料】进口混纺毛线650g

【密度】$10cm^2$：22针×26行

【附件】纽扣2枚

【制作过程】

　　1. 后片：起108针，从下往上织，编织8行单罗纹后，开始织元宝针，47cm后，如图所示收袖窿，在离衣长3cm时，收后领。后片完成。

　　2. 前片：起50针，从下往上织，纺织8行单罗纹后，开始织元宝针，织47cm后，如图所示收袖窿，再编织20cm后，靠袖窿那一侧平收20针，剩余18针用别针穿好待用，编织两片。

　　3. 袖片：起66针，从下往上织，编织8行单罗纹后，开始织元宝针，如图所示收袖山，编织两片。然后把前、后片、袖片进行缝合。

　4. 领：挑起前片留针，后领挑44针，编织元宝针，20行后，改织10行单罗纹针。

　5. 门襟：左右两边各挑180针，单罗纹编织16行，收针。

　6. 袖袢：起13针，编织单罗纹针14行后，收针，织两片，安装在袖口。

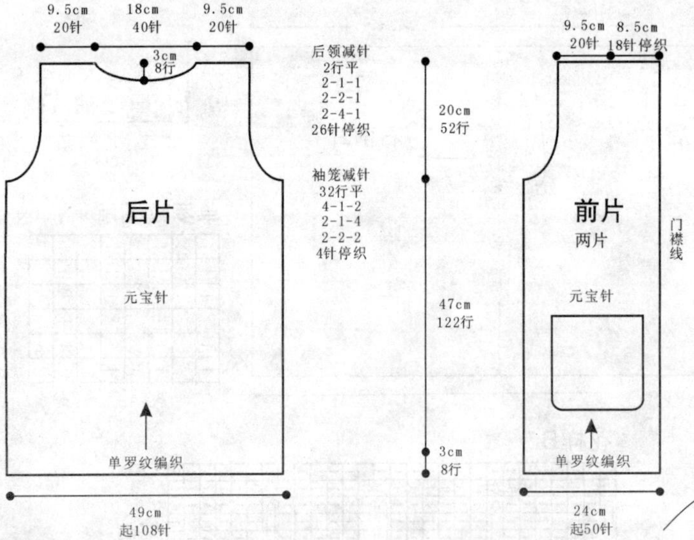

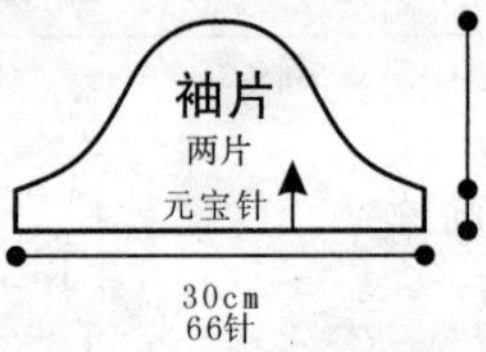

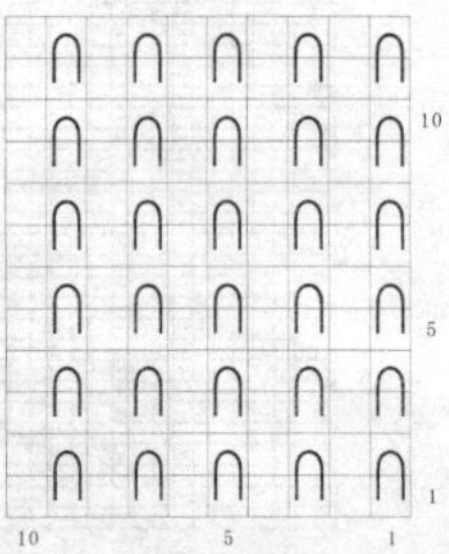

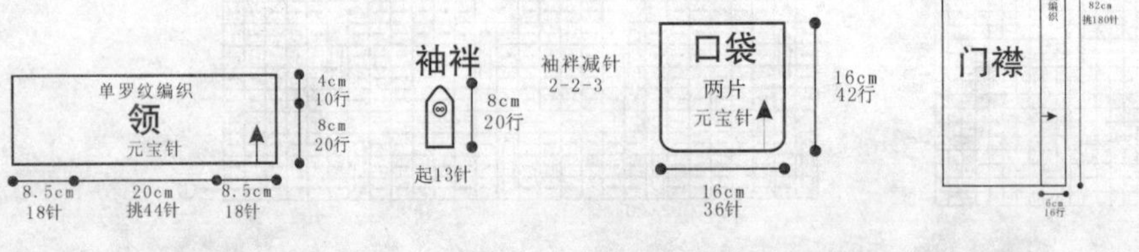

袖山减针
2行平
2-2-1
2-1-3
2-2-2
2-1-5
2-3-1
2-2-3
4针停织

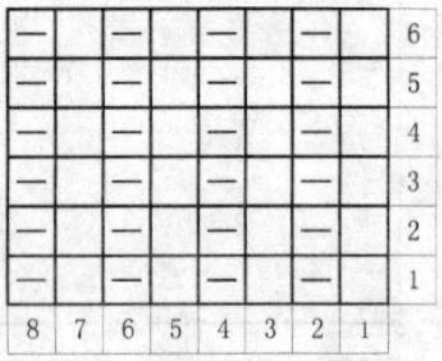

9.5cm 18cm 9.5cm
20针 40针 20针
3cm
8行

后领减针
2行平
2-1-1
2-2-1
2-4-1
26针停织

后片
元宝针
49cm
起108针
单罗纹编织

袖笼减针
32行平
4-1-2
2-1-4
2-2-2
4针停织

9.5cm 8.5cm
20针 18针停织

20cm
52行

47cm
122行

3cm
8行

前片
两片
元宝针
24cm
起50针
单罗纹编织

门襟线

袖片
两片
元宝针
30cm
66针

12cm
32行
3cm
8行

单罗纹图解

元宝针法

领
元宝针
单罗纹编织
8.5cm 20cm 8.5cm
18针 挑44针 18针
4cm
10行
8cm
20行

袖袢
起13针
8cm
20行

袖袢减针
2-2-3

口袋
两片
元宝针
16cm
36针
16cm
42行

门襟
82cm
挑180针

个性系带开衫

【成品尺寸】衣长58cm　胸围86cm　肩宽40cm　袖长58cm
【工具】5号棒针
【材料】灰白色毛线1000g　黑色毛线300g
【密度】10cm²：20针×25行
【制作过程】

　　1. 后片：普通起针法起86针，编织花样A，织2行后，开系带洞，每3cm一个，一个2行，共14个。织到21cm后按袖窿减针及领口减针，织出袖窿和后领。

　　2. 前片（左、右两片）：普通起针法起26针，编织花样A，织2行后，开系带洞，每3cm一个，一个2行，共4个。同时按前片减针织出腋下，按袖窿减针织出袖窿。以上织出为左片，再对称织出右片。

　　3. 袖片（两片）：单罗纹针起针法起44针，单罗纹针编织8cm；按袖下加针花样A织出袖下；按袖山减针织出袖山。

　　4. 下摆：如图，普通起针法起70针，花样A编织140cm。

　　5. 门襟：如图，普通起针法起52针，花样B编织182cm。

　　6. 整理：前片、后片、肩部和腋下缝合；下摆与身片缝合；袖片、腋下缝合后装袖；门襟与身片、下摆缝合，注意平整度。另做一根长120cm的系带。

前片
花样A
编织方向

8cm 16针
19cm 48行
21cm 52行
13cm 26针
-4针
前片减针
平织10行
10-1-3
12-1-1
行针次

后片
花样A
编织方向

8cm 16针　21cm 42针　8cm 16针
2cm 6行
领口减针
2-1-1
2-2-1
2-3-1
平收30针
行针次
袖笼减针
2-1-1
2-2-1
平收3针
行针次
-6针
43cm 86针

袖片
花样A
编织方向
单罗纹编织

8cm 16针
袖山减针
2-4-1
2-3-1
2-1-1
2-1-6
2-2-3
2-1-1
2-4-1
行针次
13cm 32行
-32针
40cm 80针
37cm 92行
8cm 20行
22cm 44针
袖下加针
平织4行
4-1-10
6-1-8
行针次
+18针

下摆
花样A
编织方向
140cm 350行
35cm 70针

门襟
花样B
编织方向
182cm 456行
26cm 52针

花样A

8 7 6 5 4 3 2 1
9 8 7 6 5 4 3 2 1
注：下针为灰白色，上针为黑色

花样B

5 4 3 2 1
9 8 7 6 5 4 3 2 1

单罗纹图解

5 4 3 2 1
6 5 4 3 2 1

083

【成品尺寸】衣长102cm　胸围100cm

【材料】绿色毛线350g

【工具】2.5mm钩针

【制作过程】参照衣服的结构图，按照拼花图样钩前片两片，后片一片，帽子一个，然后拼帽子、肩和侧缝。最后按照花边图样，钩衣服领口和外围的花边。

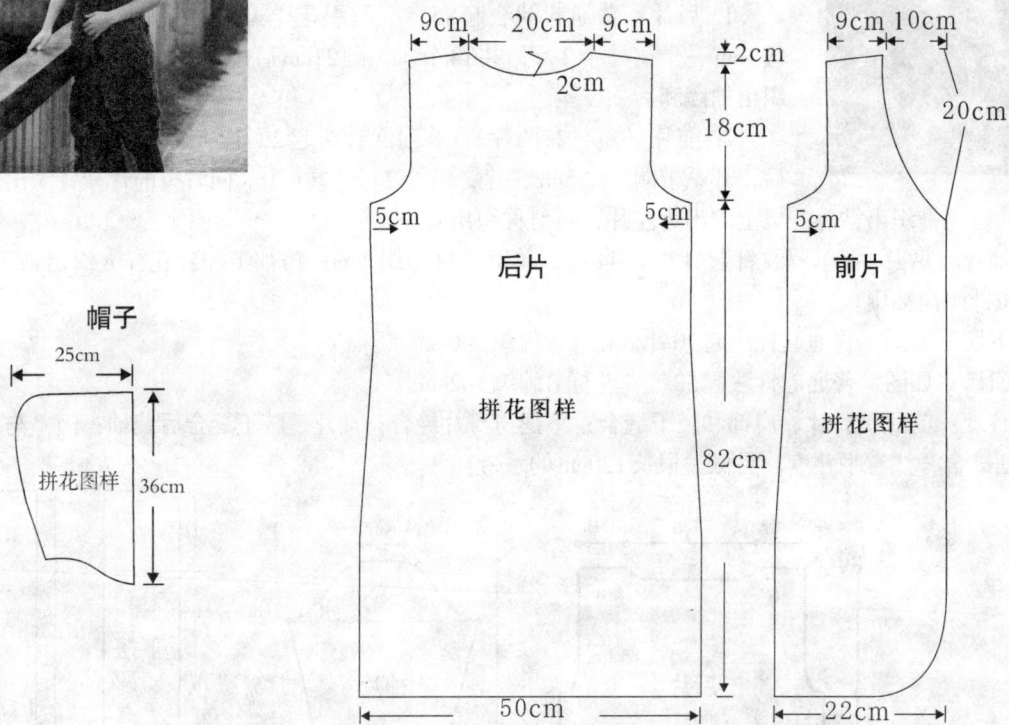

帽子

25cm

拼花图样

36cm

9cm　20cm　9cm

2cm

18cm

2cm

5cm　　　5cm

后片

拼花图样

82cm

50cm

9cm　10cm

20cm

5cm

前片

拼花图样

22cm

袖口和衣服外围
花边图样

2行短针

拼花图样

华丽长款开衫

【成品尺寸】衣长80cm

【工具】7号棒针环形针　5号钩针

【材料】浅驼色毛线300g　咖啡色毛线40g

【密度】10cm²：21针×26行

【制作过程】单股线编织，单片编织完成。

　　1. 披肩片：起117针，编织花样单片，两侧按图示减针编织，最后余42针，单片总长80cm时，断线。沿披肩边穿入流苏。

　　2. 流苏制作方法：取毛线数条对折，从衣片由正面穿向反面，将毛线从孔中钩出、收紧，梳理整齐。

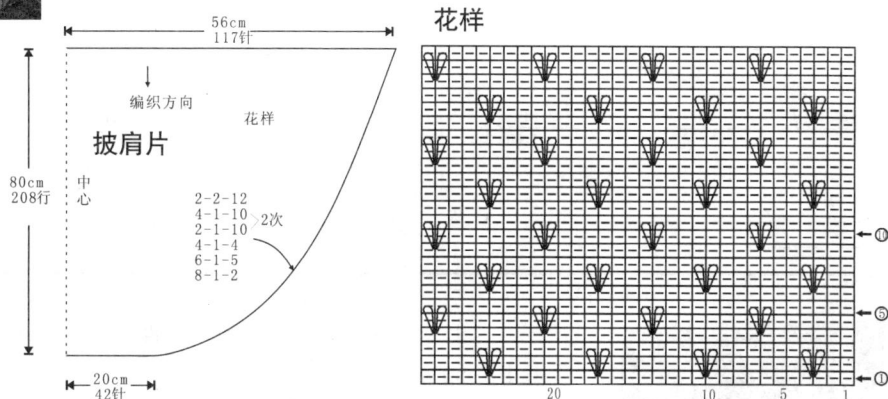

花样

披肩片

56cm
117针

↓
编织方向

花样

80cm
208行

中心

2-2-12
4-1-10
2-1-10   2次
4-1-4
6-1-5
8-1-2

20cm
42针

20　　10　　5　　1

【成品尺寸】衣长80cm

【工具】9号棒针

【材料】缎染马海毛500g

【密度】10cm²：27针×34行

【制作过程】单股线编织，毛衣由前片、后片、下片、门襟（领）组成。

　　1. 后片：起116针，织平针，两侧按图示加针织到25cm时，开始袖窿减针，按结构图减完针后，不加减针编织到肩部，共织到43cm时，减出后领窝，两肩部各余7针。

　　2. 前片：起24针，织平针，两侧按图示加针织到25cm时，开始袖窿减针，按结构图减完针后，收针断线。

　　3. 下片：起72针编织双罗纹，织长为114cm长方片。

　　4. 门襟（领）：起60针编织双罗纹，织长为160cm的长方片。

5. 缝合：先缝合前片、后片，再按结构图字母对应处缝合下身片，再按图上对应字母处缝合门襟。

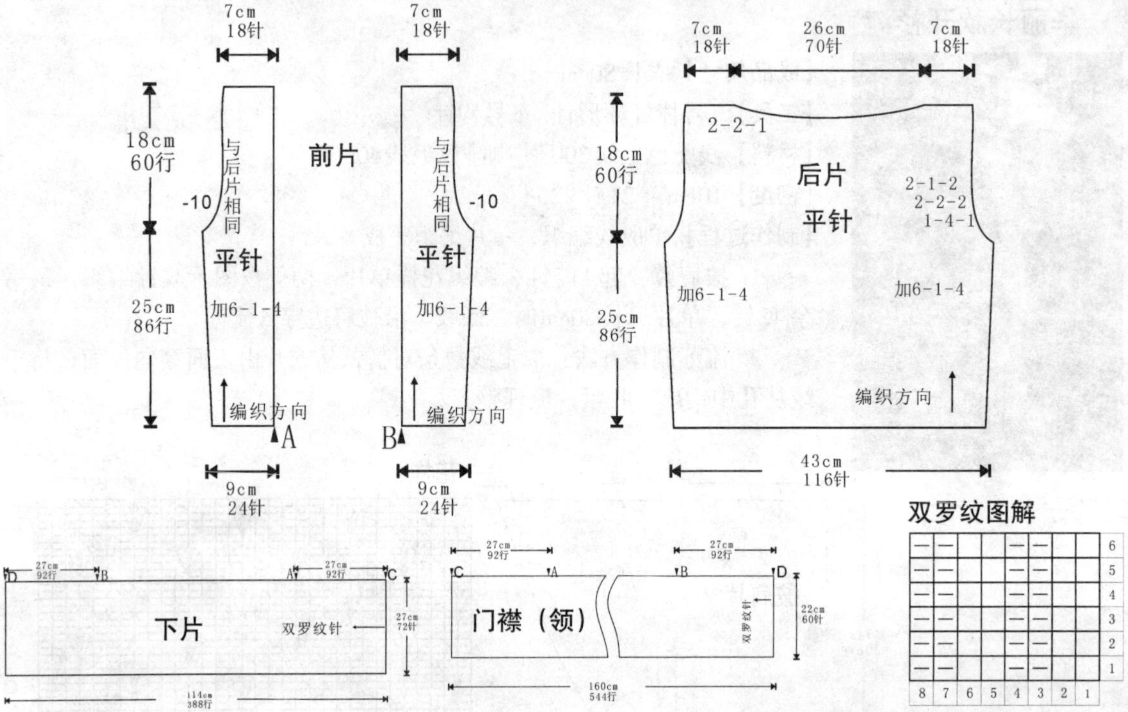

前片

7cm 18针

18cm 60行

与后片相同

-10

平针

25cm 86行

加6-1-4

编织方向
△A

9cm 24针

7cm 18针

18cm 60行

与后片相同

-10

平针

25cm 86行

加6-1-4

编织方向
△B

9cm 24针

后片 平针

7cm 18针   26cm 70针   7cm 18针

2-2-1

18cm 60行

2-1-2
2-2-2
1-4-1

加6-1-4   加6-1-4

编织方向

43cm 116针

双罗纹图解

8	7	6	5	4	3	2	1

（6 5 4 3 2 1 行标注）

下片

27cm 92行   27cm 92行

D▽   ▽B   A▽   ▽C

双罗纹针

27cm 72针

114cm 388行

门襟（领）

27cm 92行   27cm 92行

C▽   ▽A   ▽B   ▽D

22cm 60针

双罗纹针

160cm 544行

【成品尺寸】衣长56cm　胸围88cm　肩宽32cm　袖长58cm

【工具】2mm棒针

【材料】黑色弹力丝毛线500g

【密度】10cm²：40针×48行

【制作过程】

　　1. 后片：起176针，从下往上织，编织3cm单罗纹后，开始织平针，35cm后如图所示收袖窿，在离衣长3cm时收领，后片完成。

　　2. 前片：起88针，从下往上织，编织3cm单罗纹后，开始织平针，31cm后，如图所示收前领，再编织4cm后开始收袖窿，编织两片。

　　3. 袖片：起88针，从下往上织，编织3cm单罗纹后，开始织平针，如图所示进行加针，织43cm后，开始收袖山，编织两片。

4. 领和门襟：起80针，编织元宝针，织67cm后收针，编织两片。

5. 缝合：将前、后片侧缝，肩缝缝合后上袖子。门襟两片先对接然后安装在前片和领边上。

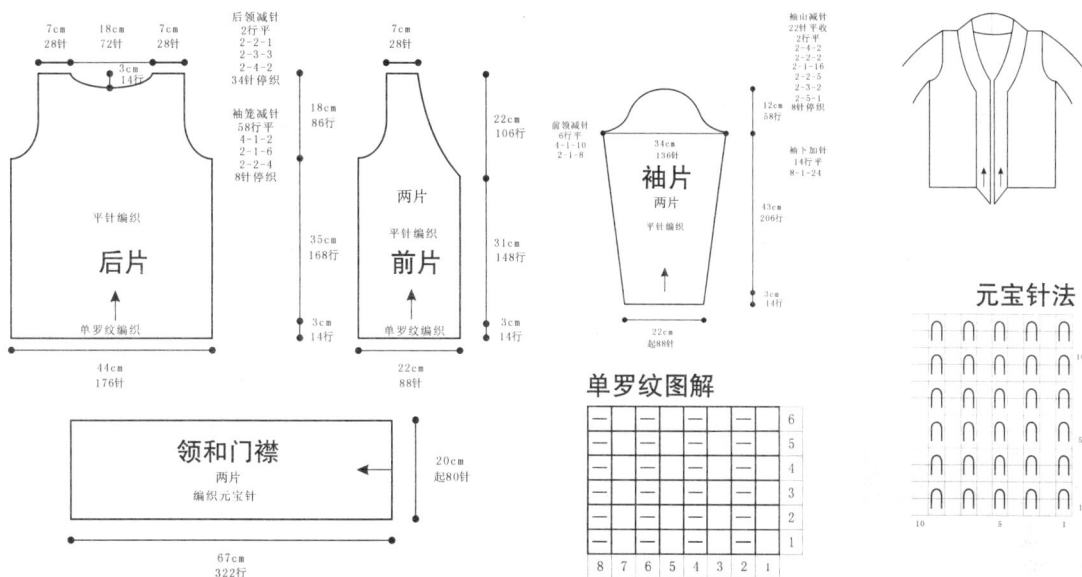

后领减针
2行平
2-2-1
2-3-3
2-4-2
34针停织

7cm 18cm 7cm
28针 72针 28针

3cm
14针

袖笼减针
58行平
4-1-2
2-1-6
2-2-4
8针停织

平针编织

后片

单罗纹编织

44cm
176针

18cm
86行

35cm
168行

3cm
14行

7cm
28针

18cm
86行

前领减针
6行平
4-1-10
2-1-8

22cm
106行

两片

平针编织

前片

31cm
148行

3cm
14行

单罗纹编织

22cm
88针

袖山减针
22行平收
2行平
2-4-2
2-2-2
2-1-16
2-3-2
2-3-3
2-5-1
8针停织

12cm
58行

34cm
136针

袖片

两片

平针编织

袖下加针
14行平
8-1-24

43cm
206行

3cm
14行

22cm
起88针

领和门襟
两片
编织元宝针

20cm
起80针

67cm
322行

单罗纹图解

8	7	6	5	4	3	2	1	

元宝针法

精致流苏开衫

【成品尺寸】衣长75cm　袖长11cm

【工具】10号棒针　4号钩针

【材料】粉色开司米毛线410g

【密度】10cm²：33针×40行

【制作方法】两股线编织，衣服由一侧衣襟边起针编织。

1. 衣片：起244针编织，不加减针织15cm后从一侧进行收针，一侧不加减针继续编织，共织到40cm时，不加减针侧留出32针，开始袖窿减针。来回加减针编织8行后，再连接32针连续编织，然后在同侧进行后片袖窿加减针，减、加针数相同。按结构图尺寸编织，后片共织30cm后再编织另一侧。

2. 单元花：起高钩织第一圈8组1针长针、2针辫子针，第二圈在辫子针内放2针长针，第三圈钩织9组4针玉米针和5针辫子针，断线，共完成2个。起34cm辫子针，从袖口钩织花样袖片，不加减针织2cm后，开始袖山减针并连接单元花，按图完成减针。同样方法完成另一片。

3. 缝合：沿侧缝将同侧边对接缝合，沿袖窿缝实衣袖。两前襟边穿入流苏（流苏制作方法：取毛线数条对折，从装饰带一端由正面穿向反面，将毛线从孔中钩出、收紧，梳理整齐。），流苏密度可根据自己喜好调节。

左前片

40cm
160行

减1-42-1
1-6-1
1-4-2
1-2-4

下针

减2-3-49

侧缝

后片

30cm
120行

加1-42-1
1-6-1
1-4-2
1-2-4

10cm
32针

20cm
64针

下针

45cm
147针

侧缝

右前片

40cm
160行

下针

减2-3-49

侧缝

75cm
244针

编织方向

编织方向

15cm
60行

25cm
100行

34cm
136行

25cm
100行

15cm
60行

减4花样

袖片

编织方向

9cm

花样

减4花样

2cm

34cm

花样

单元花

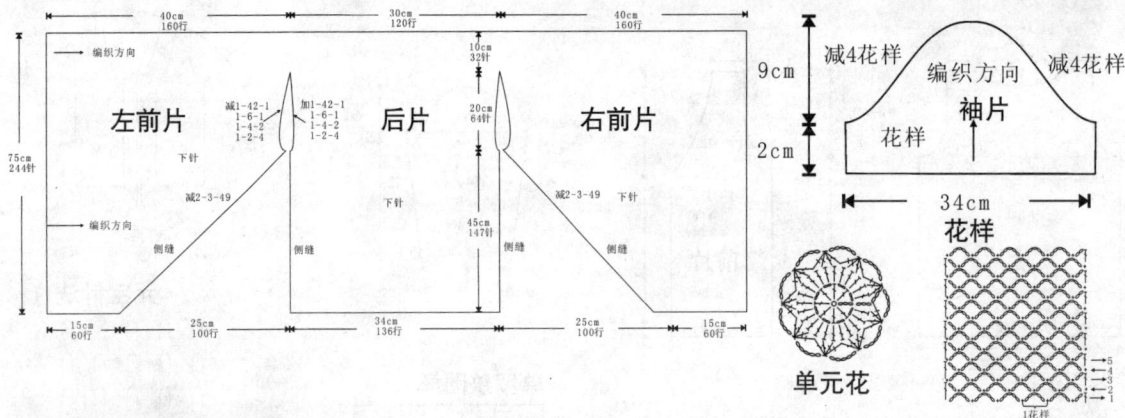

【成品尺寸】衣长75cm 袖长11cm

【工具】10号棒针 4号钩针

【材料】灰色棉绒毛线410g

【密度】10cm² ： 32针×40行

【制作方法】单股线编织，衣服由一侧衣襟边起针编织。

1. 衣片：起244针编织，不加减针织15cm后，从一侧进行收针，一侧不加减针继续编织，共织到40cm时，不加减针侧留出32针，开始袖窿减针。来回加减针编织8行后，再连接32针连续编织，然后在同侧进行后片袖窿加减针，减、加针数相同。按结构图尺寸编织，后片共织30cm后，再编织另一侧。

2. 袖片：起34cm辫子针，从袖口钩织花样袖片，不加减针织2cm后，开始袖山减针，按图完成减针，同样方法共完成2片。

3. 缝合：沿侧缝将同侧边对接缝合，沿袖窿缝实衣袖。两前襟边穿入流苏（流苏制作方法：取毛线数条对折，从装饰带一端由正面穿向反面，将毛线从孔中钩出、收紧，梳理整齐。），流苏密度可根据自己喜欢调节。

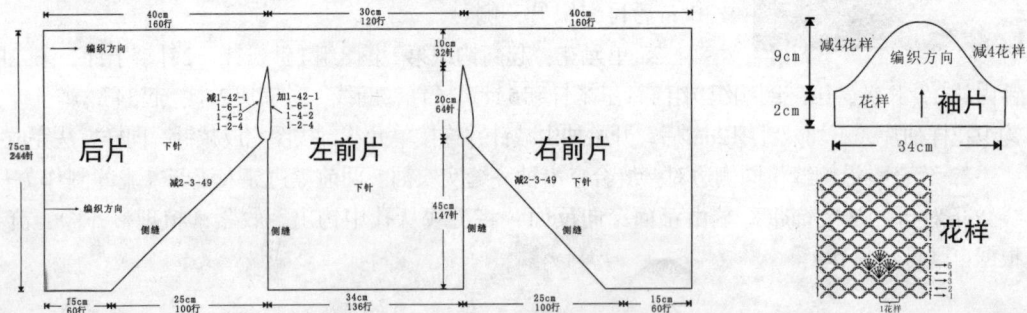

40cm
160行

30cm
120行

40cm
160行

减1-42-1
1-6-1
1-4-2
1-2-4

加1-42-1
1-6-1
1-4-2
1-2-4

10cm
32针

20cm
64针

编织方向

后片

下针

减2-3-49

侧缝

左前片

下针

45cm
147针

侧缝

右前片

减2-3-49

侧缝

75cm
244针

编织方向

编织方向

15cm
60行

25cm
100行

34cm
136行

25cm
100行

15cm
60行

减4花样

编织方向

减4花样

9cm

花样

袖片

2cm

34cm

花样

088

轻盈薄款开衫

【成品尺寸】 衣长65cm　胸围88cm　肩宽36cm　袖长56cm

【工具】2mm棒针

【材料】精梳棉毛线400g

【密度】10cm²：38针×50行

【制作过程】

1. 后片：起170针，编织花样22cm后，如图所示收袖窿，织15cm后，收后领。

2. 前片：起50针，编织花样后22cm后收笼，继续编织18cm收针，编织两片。

3. 领和门襟：合为一片，起74针，编织花样，织140cm后，收针。

4. 下摆：起125针，编织花样110cm。

5. 缝合：先把前、后片缝合起来，然后缝门襟与领，注意两头各留出20cm，再缝下摆。如图所示，符号相同的两片缝合。

后领减针
2行 平织
2-1-1
2-2-2
2-3-2
2-5-1
36针 停织

9cm　18cm　9cm
34针　68针　34针

3cm
14行

后片

18cm
90行

22cm
110行

44cm
170针

袖笼减针
70行平织
2-1-9
2-2-1
6针停织

9cm
34针

前片

两片

13cm
50针

袖山减针
24针 平收
2行平织
2-3-1
2-2-2
2-1-22
2-2-3
2-4-1
6针停织

12cm
60行

30cm
114针

袖片

两片

44cm
220行

袖下加针
10行平织
12-1-5
10-1-14

20cm
76针

领和门襟

20cm
74针

20cm
100行

100cm
500行

20cm
100行

下摆

25cm
125针

20cm
100行

70cm
350行

20cm
100行

花样

【成品尺寸】衣长56cm 胸围84cm 肩宽34cm 袖长56cm

【工具】2.75mm棒针

【材料】米黄色棉毛线250g

【密度】10cm²：35针×44行

【制作过程】

　　1. 后片：起148针，从下往上织，织3cm单罗纹，往上织33cm下针后，开挂肩，按图解编织。

　　2. 前片：起148针，从下往上织，按图解编织。

　　3. 袖片：起60针，从下往上织单罗纹，按图解编织。

　　4. 缝合：前、后片、袖片都缝合后，挑针按图编织帽子。

　　5. 帽子：帽子织完后，前片门襟处、帽沿处分别挑针织3cm单罗纹。

6. 清洗，熨烫。

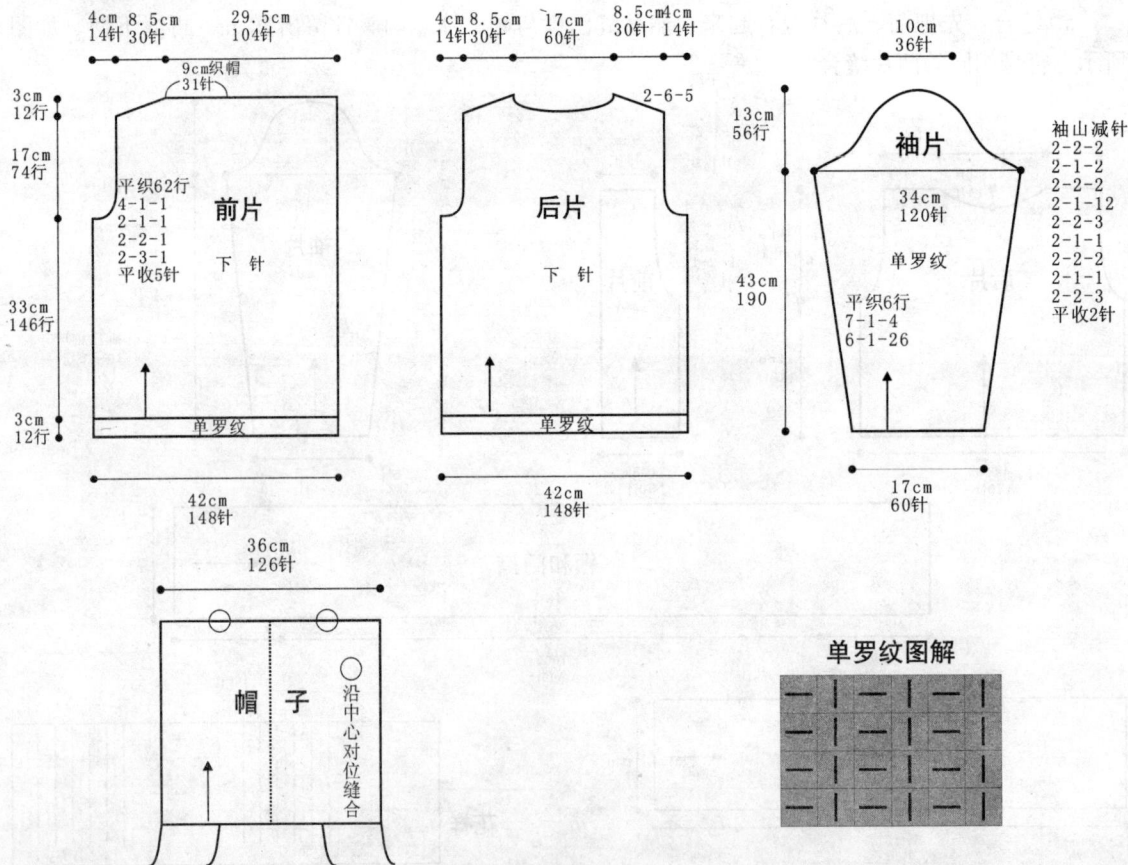

前片
4cm 8.5cm 29.5cm
14针 30针 104针
9cm织帽 31针
3cm 12行
17cm 74行
平织62行
4-1-1
2-1-1
2-2-1
2-3-1
平收5针
下针
33cm 146行
3cm 12行
单罗纹
42cm 148针

后片
4cm 8.5cm 17cm 8.5cm 4cm
14针 30针 60针 30针 14针
2-6-5
下针
单罗纹
42cm 148针

袖片
10cm 36针
13cm 56行
袖山减针
2-2-2
2-1-2
2-2-2
2-1-12
2-2-3
2-1-1
2-2-2
2-1-1
2-2-3
平收2针
34cm 120针
单罗纹
平织6行
7-1-4
6-1-26
43cm 190
17cm 60针

帽子
36cm 126针
沿中心对位缝合

单罗纹图解

甜美系带开衫

【成品尺寸】衣长70cm　胸围88cm　肩宽30cm　袖长50cm

【工具】11号棒针

【材料】淡紫色夹丝蚕丝棉毛线

【密度】10cm²：20针×26行

【制作过程】

　　1. 后上片：起89针，花样A编织24行后收袖窿，织56行后收后领。

　　2. 后下片：起134针，如图所示，编织收侧缝。

　　3. 前上片：起3针，如图所示，加针加至45针，花样A编织。16行后收前领，24行后收袖窿。编织两片。

　　4. 前下片：起57针，第35—37针为花样B。花样B编织54行后，与前上片相应点缝合，如图所示，边减针边缝合。

　5. 袖片：如图所示，编织袖片两片。

　6. 缝合：先缝合后上片与左右前上片、肩缝，再缝合后下片。上好袖子，袖口均匀收针，编织机器边。

　7. 整理：编织花边，下摆挑好机器边后，每针加1针编织单罗纹，4cm后收针。编一条麻花安装在花样B处，并钩一朵花饰，两条带子在相应位置进行装饰。领口编织机器边，并钩两条带子装饰。

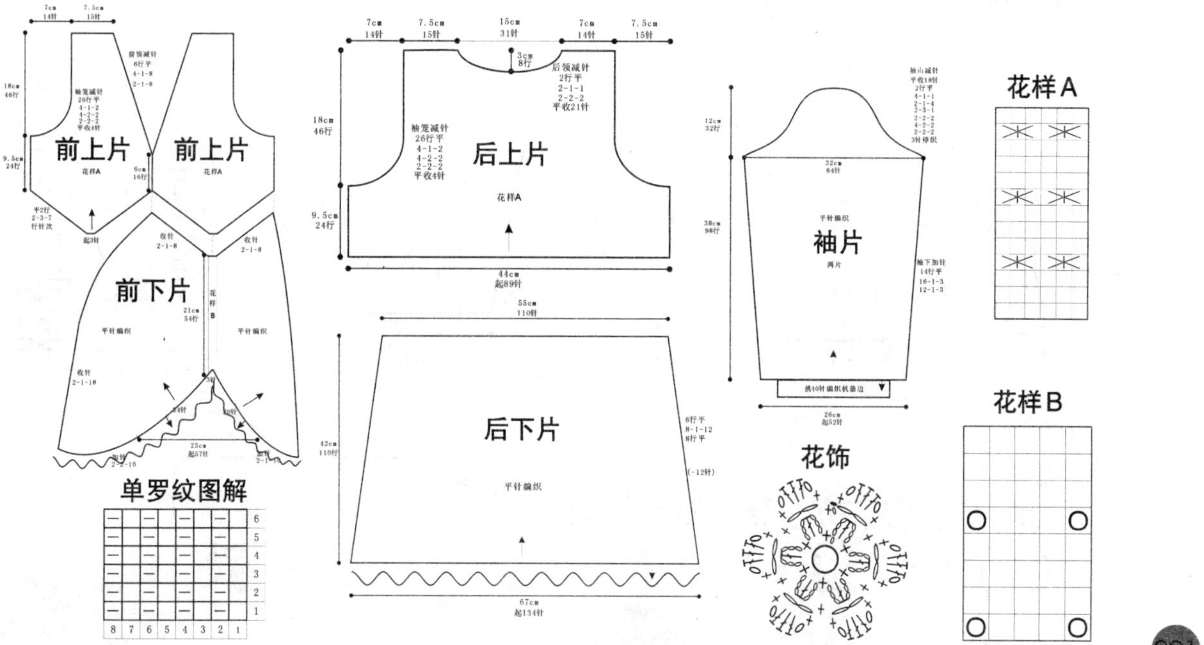

前上片　前上片

前下片

后上片

后下片

袖片

花样A

花样B

花饰

单罗纹图解

【成品尺寸】衣长70cm　胸围100cm　肩宽40cm　袖长50cm

【工具】11mm钢针　2.5mm钩针

【材料】白色毛线1000g

【密度】10cm²：32针×28行

【制作过程】

　　1. 前片（左、右两片）：普通起针法起72针，编织花样，按下摆减针、前袖窿减针及前领减针，织出前片左片，再对称织出右片。（起针为4.5个花样，下摆减针后4个花样；减去袖窿和前领最后剩一个花样。）

　　2. 后片：编织方法与前片类似，但开始为9个花样，下摆减掉一个花样后，为8个花样；其他按后袖窿减针织出后袖窿，不用开领。

　　3. 袖片（两片）：普通起针法起80针，编织花样，按袖下加针，袖山减针织出袖片。（起头为5个花样，到袖口处为8个花样，袖山处为2个花样）

　4. 缝合：前、后片、肩部、腋下缝合，注意花样对称。袖片缝合，装袖。

　5. 钩针部分：袖口和门襟领口都进行缘编织，按缘编织图解，先织3cm拉丝花，再按图解钩出花样。

　6. 系带（两条）：按图解用钩针钩织。

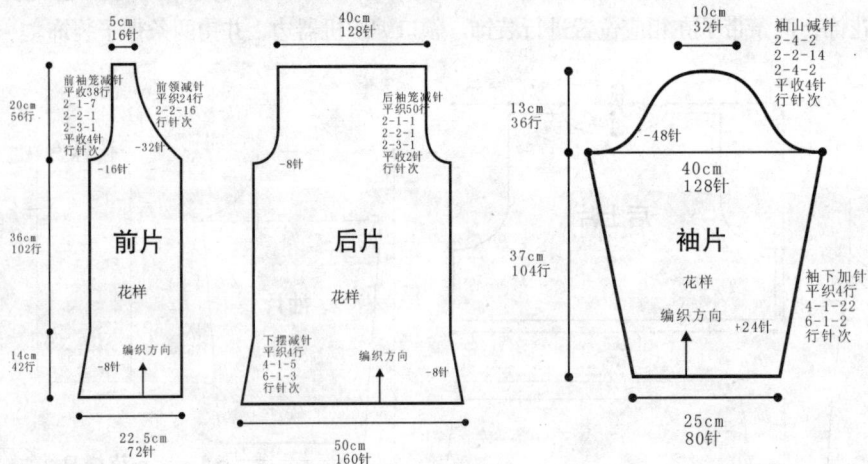

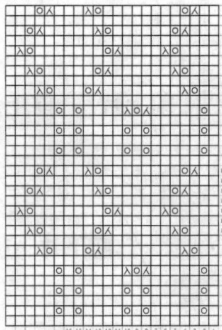

花样

注：16行16针为一个花样

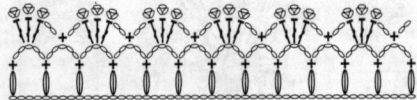

缘编织

系带图解

灰色V领开衫

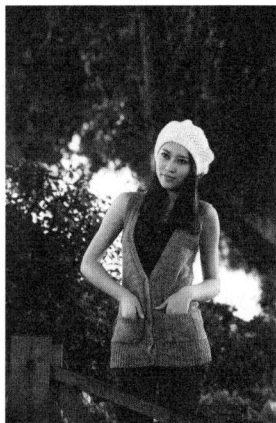

【成品尺寸】衣长58cm　胸围87cm　肩宽35cm

【工具】3mm棒针　3.25mm棒针

【材料】夹银丝灰色毛线250g

【密度】10cm²：32针×36行

【制作过程】

　　1. 后片：起140针，片织，从下往上用3mm棒针织双罗纹，织到6cm处用3.25mm棒针改织下针，织到31cm处开挂肩，按图示编织。

　　2. 前片：起70针，用3mm棒针往上片织，织到6cm处，用3.25mm棒针织下针，按图示编织。以上织出为右片，再对称织出左片。

　　3. 门襟和袖口：用3mm棒针织单罗纹，门襟按图开4个扣眼。口袋按图示编织，与前片正面缝合。

　　4. 缝合：前、后片、门襟等都缝合后，整理熨烫。

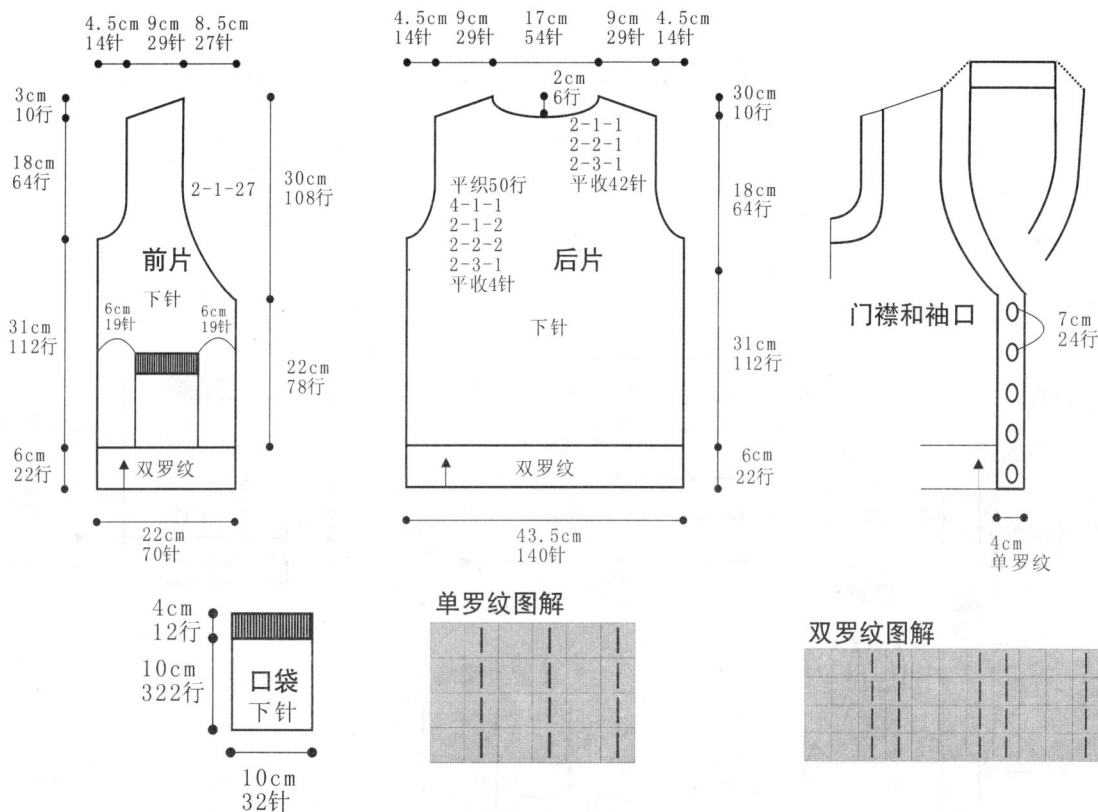

前片

4.5cm 9cm 8.5cm
14针 29针 27针

3cm 10行
18cm 64行
2-1-27
30cm 108行
下针
6cm 19针　6cm 19针
31cm 112行
22cm 78行
6cm 22行
双罗纹
22cm 70针

后片

4.5cm 9cm 17cm 9cm 4.5cm
14针 29针 54针 29针 14针

2cm 6行
2-1-1
2-2-1
2-3-1
平织50行　平收42针
4-1-1
2-1-2
2-2-2
2-3-1
平收4针
下针
30cm 10行
18cm 64行
31cm 112行
6cm 22行
双罗纹
43.5cm 140针

门襟和袖口

7cm 24行
4cm 单罗纹

口袋

4cm 12行
10cm 322行
口袋 下针
10cm 32针

单罗纹图解

双罗纹图解

【成品尺寸】衣长60cm　胸围86cm　肩宽34cm

【工具】3mm棒针

【材料】中粗棉毛线300g

【密度】10cm²：36针×36行

【附件】纽扣1枚

【制作过程】

1. 后片：起158针，片织，从下往上织单罗纹，织到6cm处改织下针，并按图解减针，织到18cm处开始织上针，并按图加针，织到14cm处开挂肩，按图示减针，领口以中心为界，两侧分别减针。

2. 前片：前右片起78针，往上片织，织到6cm处，织下针，往上每隔16行减1针，织到18cm处分口袋，袋口织单罗纹，开始织上针，往上按图解放针，织到14cm处开挂肩。前左片与前右片编织方法相同。

3. 缝合：前、后片缝合后，按图示织门襟，在前右片开1个扣眼，按刺绣图口袋绣上蝴蝶，最后前右片钉上纽扣，整理熨烫。

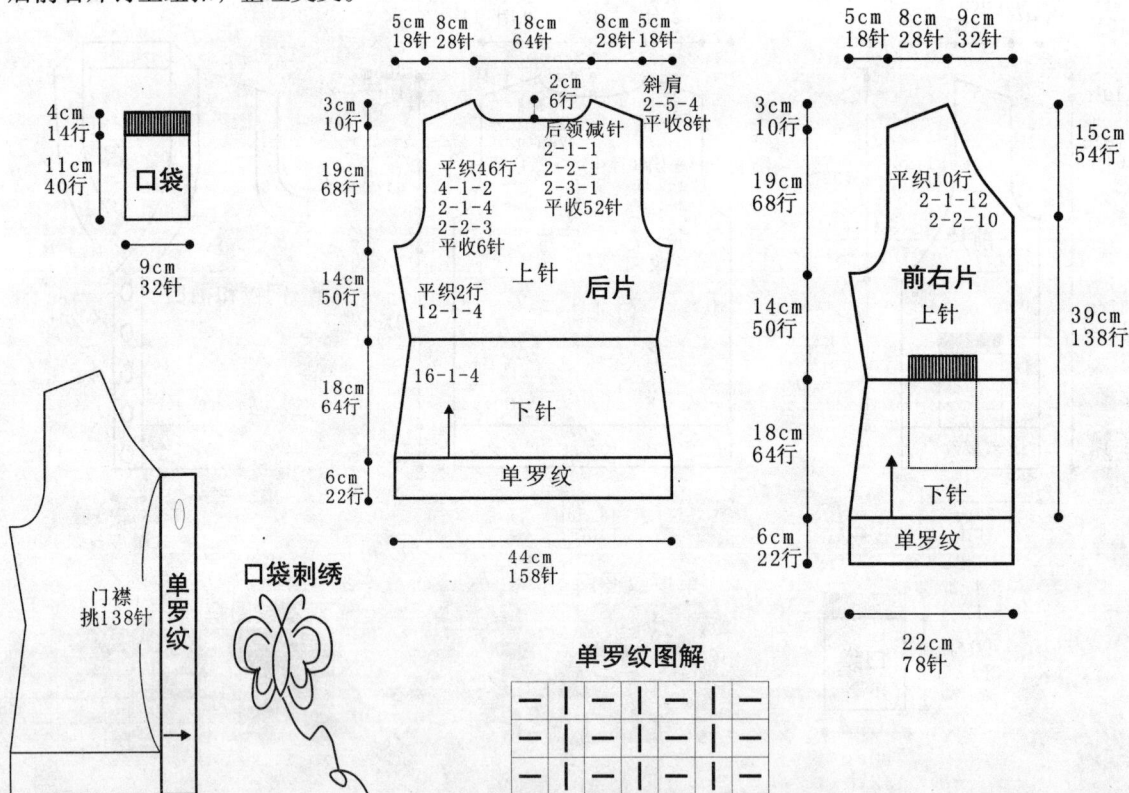

口袋

4cm
14行

11cm
40行

9cm
32针

门襟
挑138针

单罗纹

口袋刺绣

后片

5cm 8cm　18cm　8cm 5cm
18针 28针　64针　28针 18针

3cm
10行

2cm
6行

斜肩
2-5-4
平收8针

19cm
68行

后领减针
2-1-1
2-2-1
2-3-1
平收52针

平织46针
4-1-2
2-1-4
2-2-3
平收6针

上针

14cm
50行

平织2行
12-1-4

18cm
64行

16-1-4

下针

单罗纹

6cm
22行

44cm
158针

单罗纹图解

前右片

5cm 8cm 9cm
18针 28针 32针

3cm
10行

15cm
54行

19cm
68行

平织10行
2-1-12
2-2-10

前右片

上针

14cm
50行

39cm
138行

18cm
64行

下针

单罗纹

6cm
22行

22cm
78针

翻领长款开衫

【成品尺寸】衣长75cm　胸围100cm　袖长+单边肩宽63cm

【工具】4.5mm棒针

【材料】黑白AB毛线800g

【密度】10cm²：24针×30行

【制作过程】

　　1. 后片：起170针，平针编织，如图所示进行后领加针。织9cm后开始收肩与袖。织25cm后侧平收108针，然后继续织袖，注意两侧减针。织56cm后织14cm单罗纹针，编织两片。

　　2. 前片：起150针，平针编织，如图所示进行前领加针。织9cm后开始收肩与袖。织25cm后右侧平收108针，然后继续织袖，注意两侧减针。织56cm后织14cm单罗纹针，编织两片。

3. 缝合：将两片后片中心先缝合，再与相应的前片肩、袖、侧缝缝合好。

4. 门襟：挑150针，编织单罗纹针7cm。

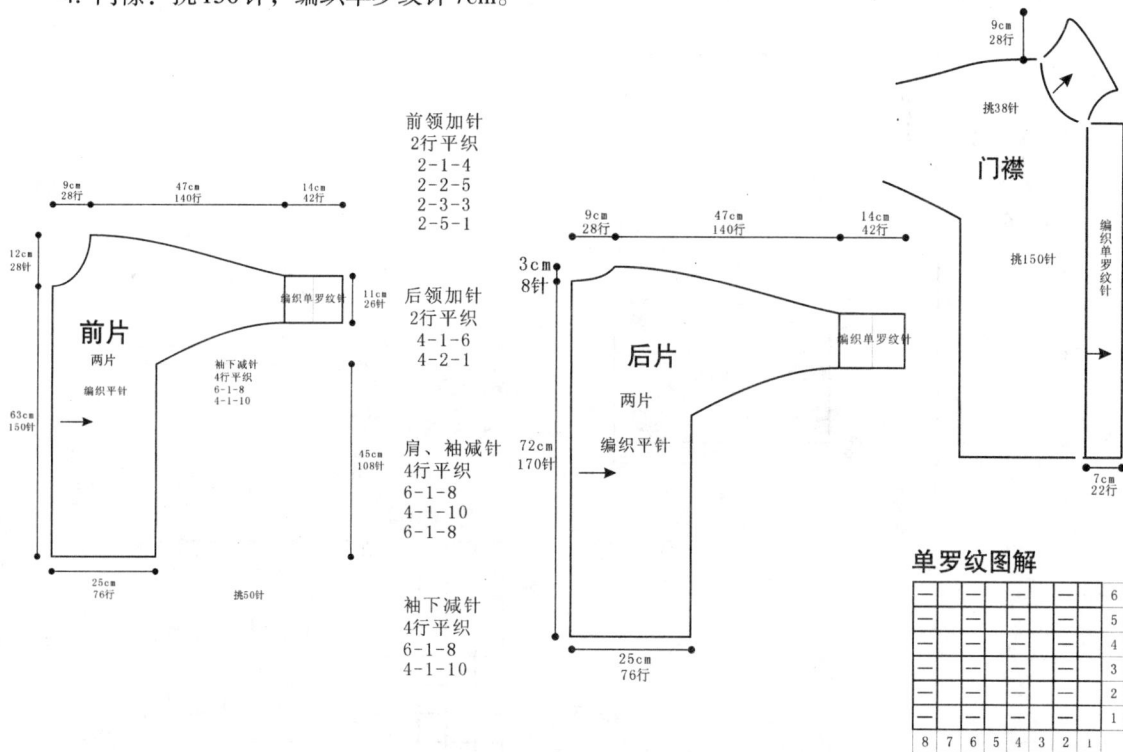

前领加针
2行平织
2-1-4
2-2-5
2-3-3
2-5-1

后领加针
2行平织
4-1-6
4-2-1

袖下减针
4行平织
6-1-8
4-1-10

肩、袖减针
4行平织
6-1-8
4-1-10
6-1-8

袖下减针
4行平织
6-1-8
4-1-10

前片

9cm 28行　47cm 140行　14cm 42行

12cm 28针

两片

编织平针

编织单罗纹针

11cm 26针

45cm 108针

63cm 150针

25cm 76行

挑50针

后片

9cm 28行　47cm 140行　14cm 42行

3cm 8针

两片

编织平针

编织单罗纹针

72cm 170针

45cm 108针

25cm 76行

门襟

9cm 28行

挑38针

挑150针

编织单罗纹针

7cm 22行

单罗纹图解

8	7	6	5	4	3	2	1	
	—		—		—		—	6
—		—		—		—		5
	—		—		—		—	4
—		—		—		—		3
	—		—		—		—	2
—		—		—		—		1

【成品尺寸】衣长75cm　胸围84cm　肩宽40cm　臀围94cm　袖长13cm

【工具】13mm钢针

【材料】灰色羊绒毛线600g　缎染丝带毛线150g

【密度】10cm²：35针×50行

【制作过程】

　　1. 前片（左、右两片）：起81针编织19cm后，改双罗纹编织10cm；按图减针，下针织入24cm；按袖窿减针和前领减针，下针织入织出袖窿和前领。

　　2. 后片：编织方法与前片类似，不同之处为开头起165针，开领时见后领减针。

　　3. 袖片（两片）：普通起针法起72针，按袖山减针，绵羊圈圈针织13cm。绵羊圈圈针织法说明：用手指绕一定线拉紧，下针织。

4. 用缎染线做3枚纽扣，钉好。

5. 整理：前片左、右两片和后片缝合；袖片与身片缝合；用缝针把缎染毛线在领和门襟处缝制一圈。

10cm 9cm
35针 32针

10cm 19cm 10cm
35针 67针 35针

前领减针
平织6行
4-1-20
2-1-12
行针次

后领减针
平织2行
2-1-1
2-2-1
2-3-1
平收55行
行针次

-6针

1.5cm
8针

-7针

-32针

22cm
110行

24cm
120行

10cm
50行

19cm
96行

前片
下针

后片
下针

-7针

-7针

-7针

袖笼减针
平织6行
4-1-1
2-1-2
2-2-2
行针次

摆减针
平织14行
14-1-1
16-1-4
行针次

双罗纹编织

双罗纹编织

编织方向

编织方向

23cm
81针

47cm
165针

袖山减针
2-3-1
2-2-1
4-1-2
2-1-12
2-2-1
2-3-1
行针次

10cm
20针

13cm
40行

袖片
绵羊圈圈针

编织方向

-26针

36cm
72针

双罗纹图解

12	11	10	9	8	7	6	5	4	3	2	1	
												8
												7
												6
												5
												4
												3
												2
												1

【成品规格】衣长72cm 胸围92cm

【工具】2.5mm棒针

【材料】烟灰色意毛线500g

【密度】10cm²：30针×40行

【制作过程】1. 后片：上部分先起198针，编织花样50cm后两边各平收30针，剩余的138针继续编织22cm后收针。下部分起140针编织，并按图示进行减针，编织46cm后结束。

2. 前片：起180针，编织花样40cm，编织两片。

3. 缝合：先将后片c与c、d与d进行缝合，然后将后片下部分与上部分进行缝合，最后再将左、右前片与后片缝合（a与a，b与b）。

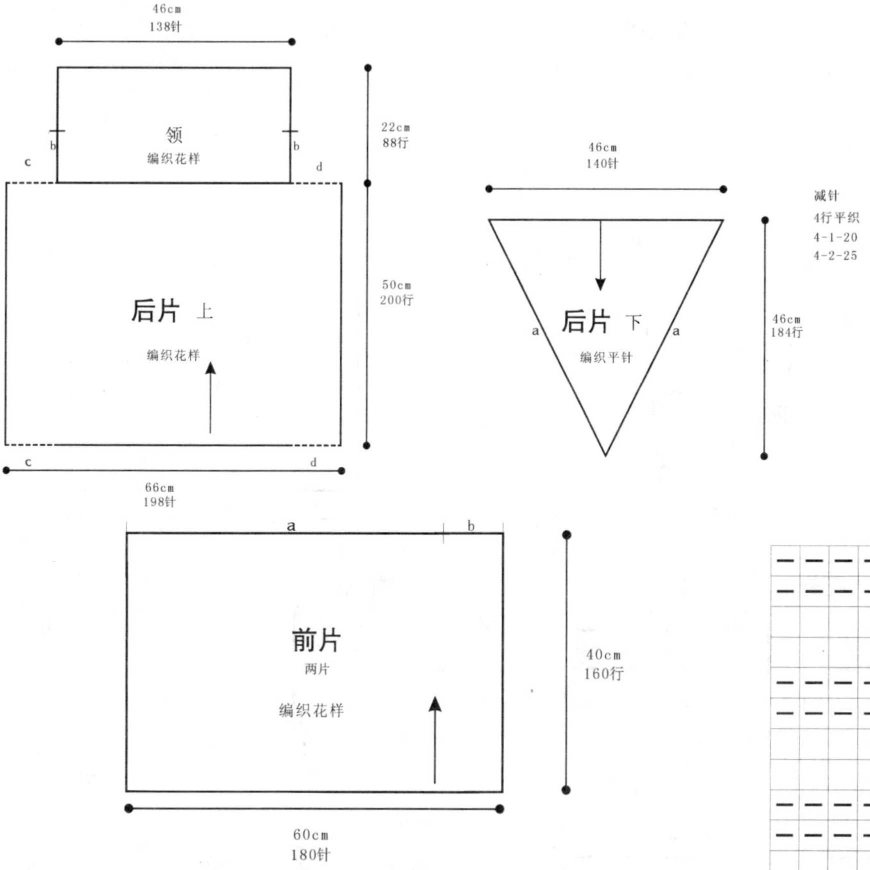

46cm
138针

22cm
88行

领
编织花样

c   b   b   d

50cm
200行

后片 上

编织花样

c   d

66cm
198针

46cm
140针

减针
4行平织
4-1-20
4-2-25

后片 下

编织平针

a   a

46cm
184行

a   b

前片

两片

编织花样

40cm
160行

60cm
180针

花样

活力褶皱开衫

【成品尺寸】衣长60cm　胸围100cm　肩宽38cm　袖长56cm

【工具】4.5mm棒针

【材料】杏色粗马海毛线700g

【密度】10cm²：18针×24行

【制作过程】

　　1. 后片：起90针，编织花样40cm后如图所示收袖窿，继续编织17cm后收后领。

　　2. 前片：起45针，编织花样40cm后，收袖窿，继续编织5cm后，收前领，编织两片。

　　3. 袖片：起44针，编织花样44cm后，改织平针，并如图示加减针后，开始收袖山。编织两片。

　　4. 领和门襟：下摆为一长条。从后领的中心位置开始，起36针，其中一端与后领的中心位置并针，从右到左沿着领、门襟、下摆等路线编织，每一行离衣片近的那一端都要与衣片连接。

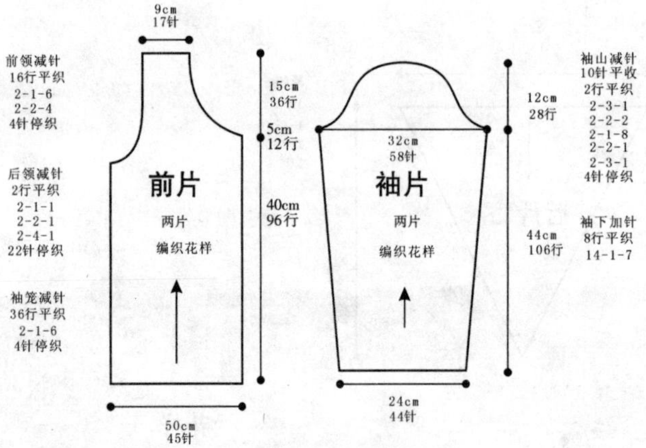

前领减针
16行平织
2-1-6
2-2-4
4针停织

后领减针
2行平织
2-1-1
2-2-1
2-4-1
22针停织

袖笼减针
36行平织
2-1-6
4针停织

9cm
17针

前片
两片
编织花样

15cm
36行

5cm
12行

40cm
96行

50cm
45针

袖山减针
10针平收
2行平织
2-3-1
2-2-2
2-1-8
2-2-1
2-3-1
4针停织

袖下加针
8行平织
14-1-7

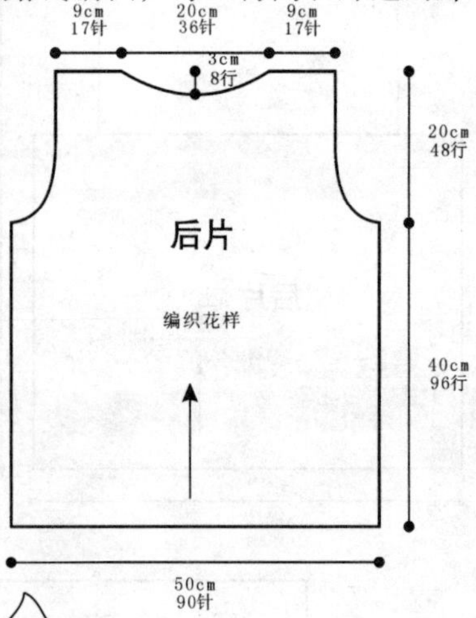

32cm
58针

袖片
两片
编织花样

12cm
28行

44cm
106行

24cm
44针

9cm　20cm　9cm
17针　36针　17针

3cm
8行

后片
编织花样

20cm
48行

40cm
96行

50cm
90针

花样

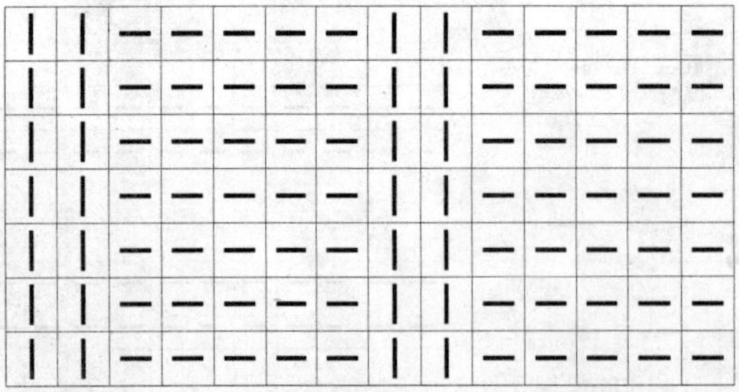

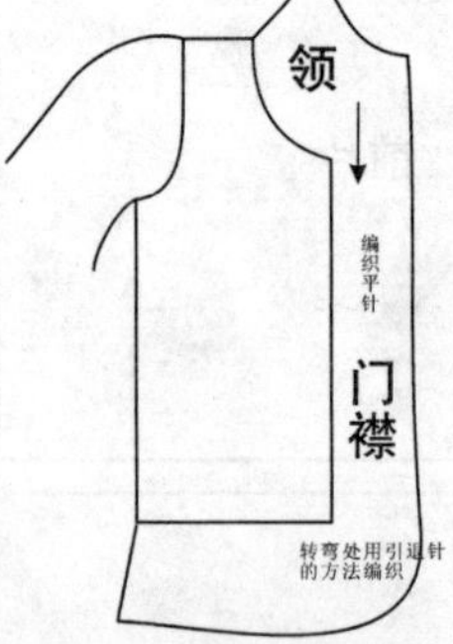

领

编织平针

门襟

转弯处用引退针
的方法编织

【成品尺寸】衣长56cm　胸围88cm　肩宽32cm　袖长58cm

【工具】2mm棒针

【材料】弹力丝毛线500g

【密度】10cm²：40针×48行

【制作过程】

　　1. 后片：起176针，从下往上织，编织3cm单罗纹后开始织平针，织35cm后，如图所示收袖窿，在离衣长3cm时，收后领，后片完成。

　　2. 前片：起88针，从下往上织，编织3cm单罗纹后，开始织平针，31cm后，如图所示收前领，再编织4cm后，开始收袖窿，编织两片。

　　3. 袖片：起88针，从下往上织，编织3cm单罗纹后，开始织平针，如图所示，进行加针，织43cm后，开始收袖山。编织两片。

4. 领和门襟：起80针，编织元宝针，织67cm后，收针，编织两片。

5. 缝合：前、后片、侧缝、肩缝缝合后，上袖子。门襟两片先对接，然后安装在前片和领边上。

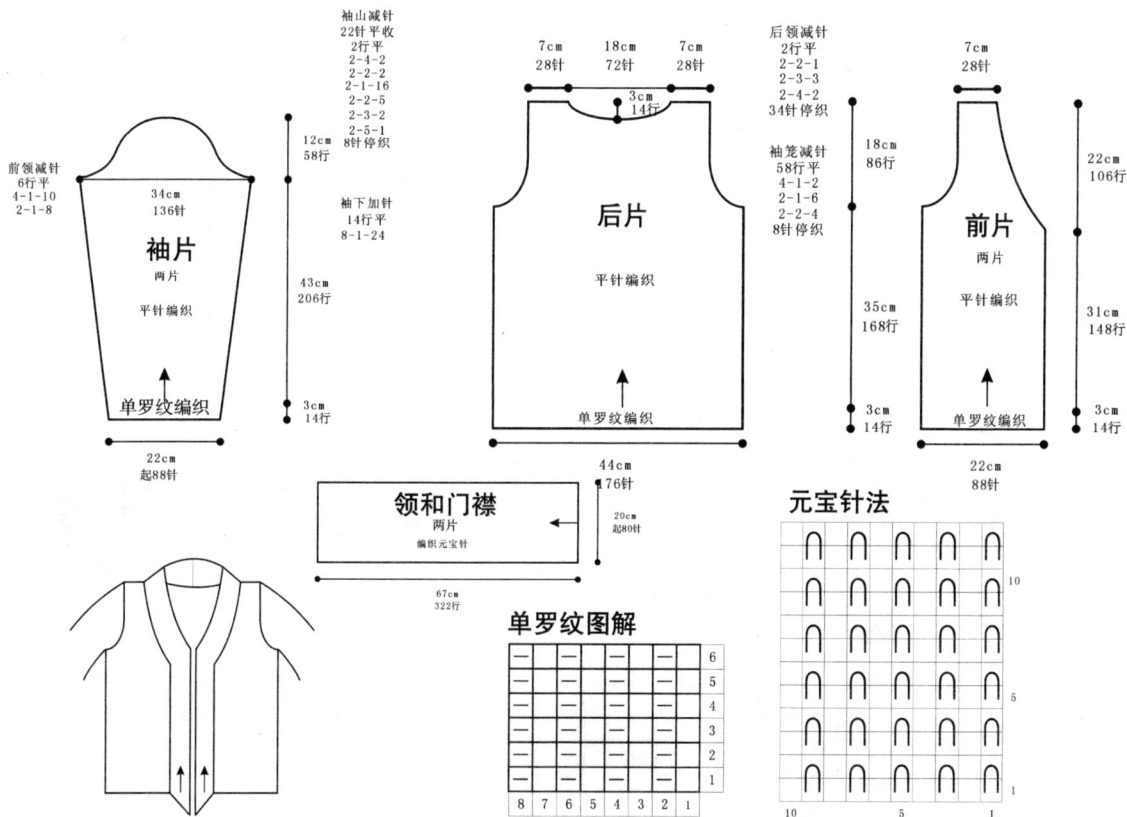

袖山减针
22针平收
2行平
2-4-2
2-2-2
2-1-16
2-2-5
2-3-2
2-5-1
8针停织

12cm
58行

袖下加针
14行平
8-1-24

34cm
136针

前领减针
6行平
4-1-10
2-1-8

袖片
两片

平针编织

43cm
206行

单罗纹编织

3cm
14行

22cm
起88针

7cm
28针　18cm
72针　7cm
28针

3cm
14行

后片

平针编织

单罗纹编织

44cm
176针

后领减针
2行平
2-1-1
2-3-3
2-4-2
34针停织

袖笼减针
58行平
4-1-2
2-1-6
2-2-4
8针停织

18cm
86行

35cm
168行

3cm
14行

7cm
28针

前片
两片

平针编织

单罗纹编织

22cm
88针

22cm
106行

31cm
148行

3cm
14行

领和门襟
两片

编织元宝针

20cm
起80针

67cm
322行

元宝针法

单罗纹图解

系扣长款开襟

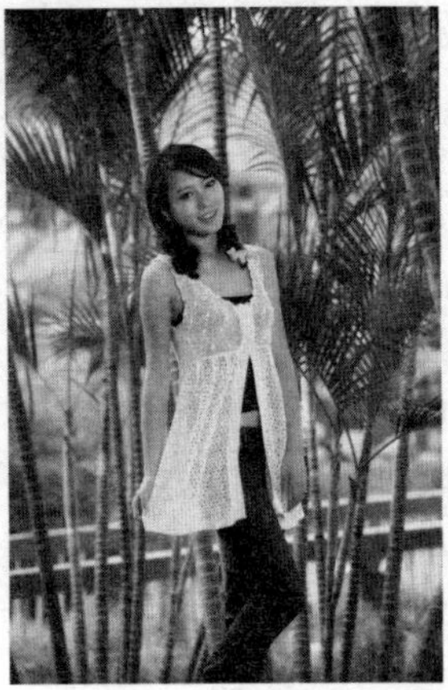

【成品尺寸】衣长75cm　胸围120cm

【工具】12号棒针 2号钩针

【材料】白色亚麻毛线

【密度】10cm²：33针×50行

【附件】纽扣2枚

【制作过程】单股线编织，毛衣由前、后片组成。

1. 后片：起214针单罗纹针织边后编织花样B，织42cm后编织花样A，针数按图示收省为138针，按结构图加针编织15cm后，按图示减袖窿、后领窝，两肩部各余5cm。

2. 前片：起106针单罗纹针织边后编织花样B，织到42cm后编织花样A，针数按图示收省为68针，按结构加针编织15cm后，按图示减袖窿、前领窝。

3. 缝合：沿边对应相应位置缝实。用钩针钩织领边、袖边，并钉上纽扣。

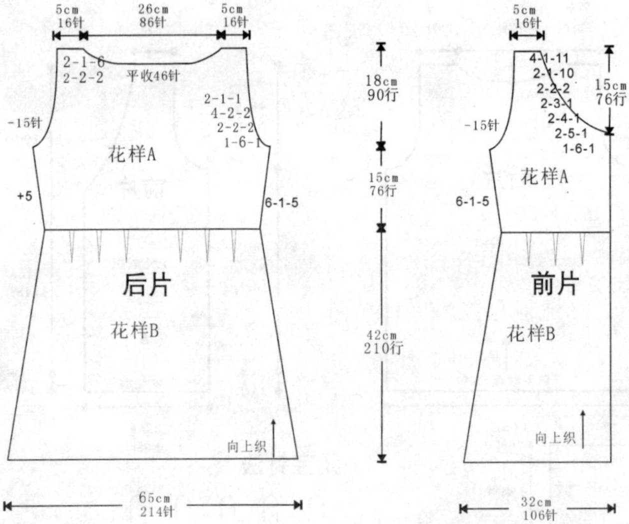
5cm
16针
26cm
86针
5cm
16针
2-1-6
2-2-2
平收46针
2-1-1
4-2-2
2-2-2
1-6-1
-15针
花样A
+5
6-1-5
后片
花样B
向上织
65cm
214针
18cm
90行
15cm
76行
42cm
210行
5cm
16针
4-1-11
2-1-10
2-2-2
2-3-1
2-4-1
2-5-1
1-6-1
15cm
76行
-15针
花样A
6-1-5
前片
花样B
向上织
32cm
106针

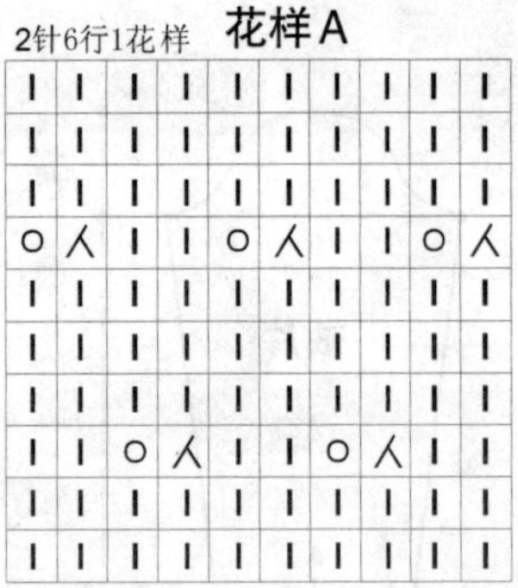
2针6行1花样
花样A

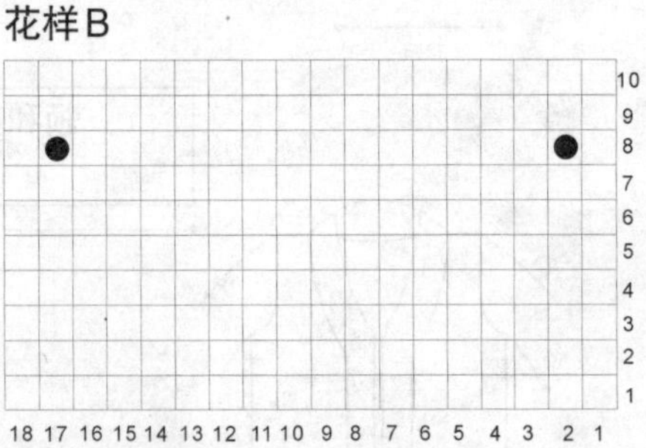
花样B
10
9
8
7
6
5
4
3
2
1
18 17 16 15 14 13 12 11 10 9 8 7 6 5 4 3 2 1

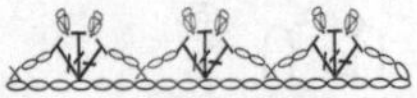

花样图样

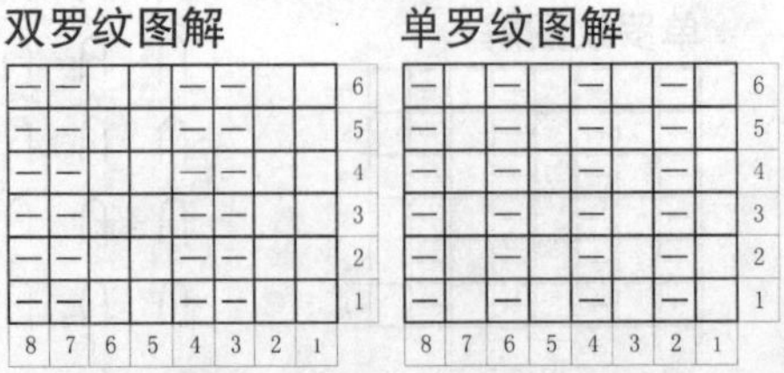
双罗纹图解
6
5
4
3
2
1
8 7 6 5 4 3 2 1
单罗纹图解
6
5
4
3
2
1
8 7 6 5 4 3 2 1

【成品尺寸】衣长66cm　胸围100cm　肩宽36cm　袖长30cm

【工具】4mm棒针　3mm钩针

【材料】米黄色线350g

【密度】10cm²：20针×28行

【附件】纽扣1枚

【制作过程】

1. 前片分上、下两片编织，横向织花样A，按图解放针。下片腰部比上片略大，缝合时前片左、右各打一个褶，后片打两个褶。前、后片缝合后，袖口往外叠两层，在外部缝合。

2. 用相同的方法编织前片。

3. 口袋按花样B编织后，贴缝在前下片。

4. 整理：门襟与领部钩花边。门襟处钉1枚纽扣。清洗，熨烫。

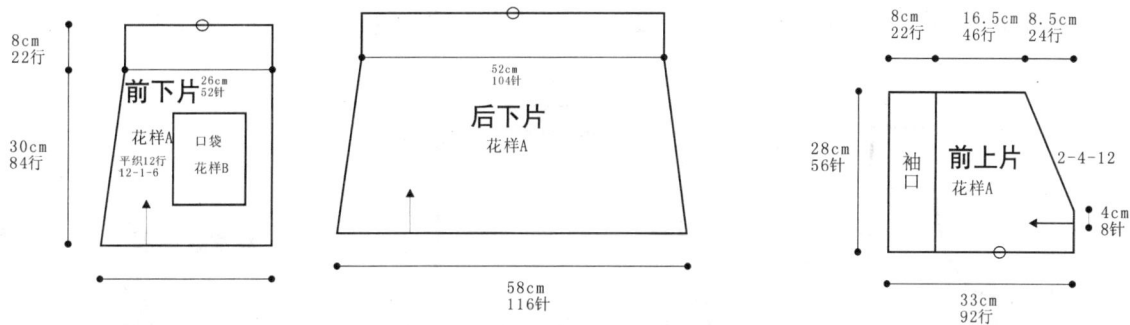

前下片 26cm 52针
花样A
口袋 花样B
平织12行 12-1-6

8cm 22行
30cm 84行

后下片
花样A
52cm 104针
58cm 116针

前上片
花样A
8cm 22行　16.5cm 46行　8.5cm 24行
28cm 56针
2-4-12
4cm 8针
33cm 92行

前门襟衣边

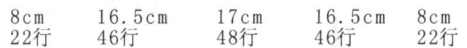

8cm 22行　16.5cm 46行　17cm 48行　16.5cm 46行　8cm 22行

后上片
花样A
袖口　袖口
28cm 56针

花样B

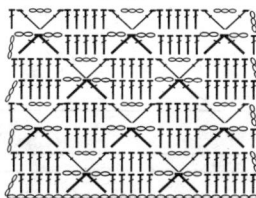

花样A（双元宝）

白色深V领装

【成品尺寸】衣长55cm　胸围84cm　肩宽40cm

【工具】5号棒针

【材料】白色毛线700g

【密度】10cm²：40针×25行

【附件】纽扣1枚

【制作过程】

1. 前片：普通起针法起16针，按前片加针，花样编织22cm后按袖窿减针，继续织23cm后收针。以上织出为左片，对称织出右片。

2. 后片：双罗纹针起针织42cm，双罗纹针织22cm后按袖窿减针，继续织22cm后收针。

3. 领和门襟：双罗纹针起针织14cm，双罗纹针织190cm。

4. 腰带：双罗纹针起针织5cm，双罗纹针织100cm

5. 收尾：前片两片和后片肩部、腋下缝合；领和门襟与身片缝合，注意平整度，在腰带合适位置钉上纽扣。

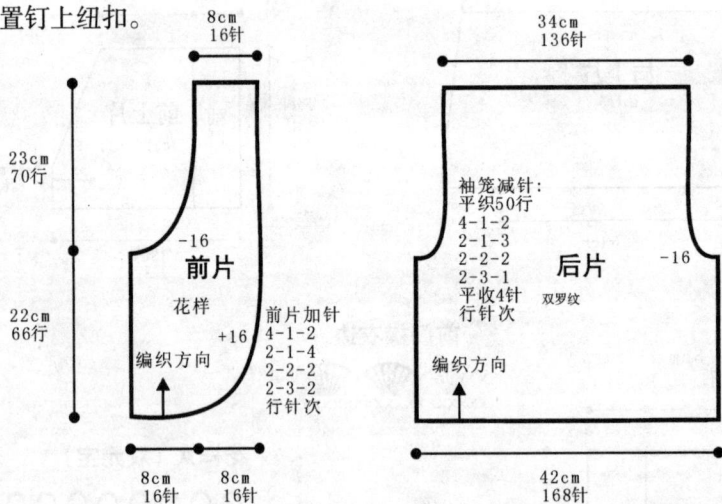

8cm
16针

34cm
136针

23cm
70行

-16

前片

花样

前片加针
4-1-2
2-1-4
2-2-2
2-3-2
行针次

编织方向

袖笼减针：
平织50行
4-1-2
2-1-3
2-2-2
2-3-1
平织4针
行针次

后片

-16

双罗纹

编织方向

22cm
66行

+16

8cm
16针

8cm
16针

42cm
168针

双罗纹图解

8	7	6	5	4	3	2	1

6
5
4
3
2
1

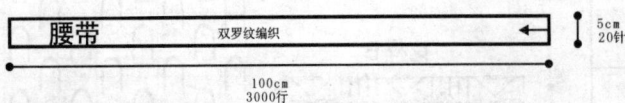

腰带　　双罗纹编织

100cm
3000行

5cm
20针

花样

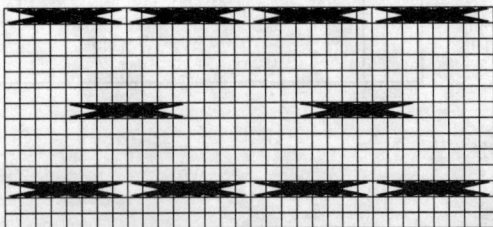

领和门襟　　双罗纹编织

190cm
5700行

14cm
56针

【成品尺寸】衣长80cm　胸围86cm　肩宽39cm

【工具】13mm钢针　1.8mm钩针

【材料】白色毛线1100g　白线1卷

【密度】10cm²：35针×50行

【附件】白色圆形纽扣2枚

【制作过程】

1. 前片（左、右两片）：普通起针法起70针，上针织入18cm，按袖笼减针及前领减针，以上织出为前片左片，再对称织出右片。

2. 后片：编织方法与前片类似，不同之处为起针150针，后领见后领开领。

3. 下摆前（两片）：普通起针法起80针，下针织入4cm；花样编织32cm。织完后，下针织处对折缝合。

4. 下摆后（两片）：编织方法与下摆前类似，不同之处为起针175针。

5. 前片小球缝制：见前片小球制作图解，在合适位置缝上。

6. 缝合：前片和下摆前缝合，注意打褶处，共3个；后片与下摆后缝合，共7个打褶处；前片与后片缝合，注意下摆花纹对称，并缝上纽扣。

7. 领口缘编织：见缘编织图解。

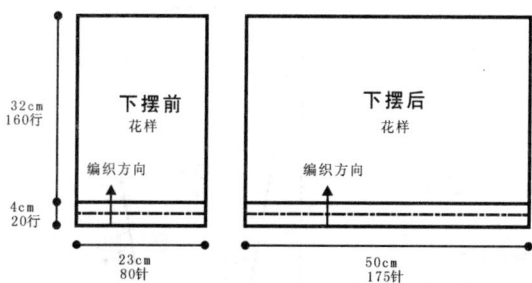

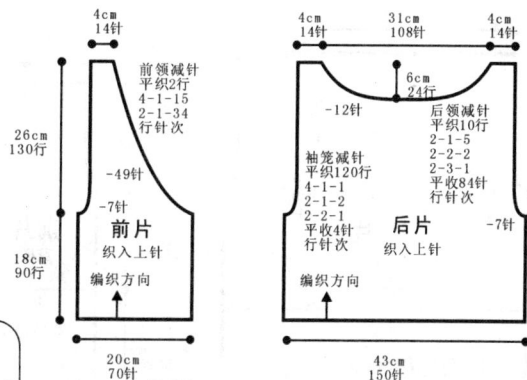

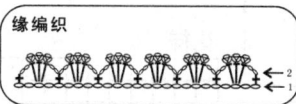

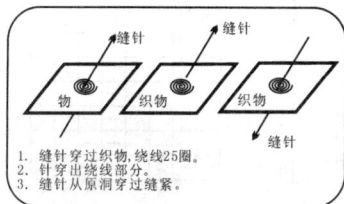

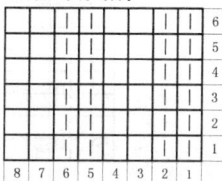

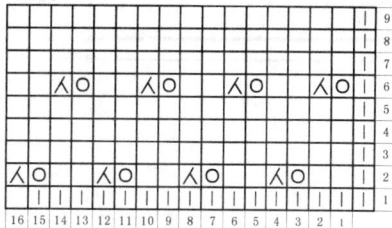

【成品尺寸】衣长52cm　胸围84cm　肩宽38cm　袖长58cm

【工具】5号棒针

【材料】白色毛线600g

【密度】10cm²：25针×34行

【附件】3枚圆形纽扣　3枚小暗扣

【制作过程】

1. 前片（左、右两片）：双罗纹起针法起56针，双罗纹针织18cm，以上为花样编织；织16cm后，按袖窿减针，领斜减针织袖窿和领斜，领斜打完后平收5针，再不加不减织10cm后收针。以上织出为左片，再对称织出右片。

2. 后片：编织方法与前片类似，不同为起针106针，开完袖窿后直接收针即可。

3. 袖片（两片）：普通起针法起58针，编织花样，按袖下加针织出袖下，按袖山减针织出袖山。

4. 缝合：两片前片和后片肩部、腋下缝合，将袖片缝合并装袖。

5. 领：从前片领斜上不加不减处开始挑针，前片、后片各挑27针、44针，花样编织8cm，再与前片留针处缝合。

6. 收尾：在合适位置钉上3枚圆形纽扣，及3枚小暗扣。

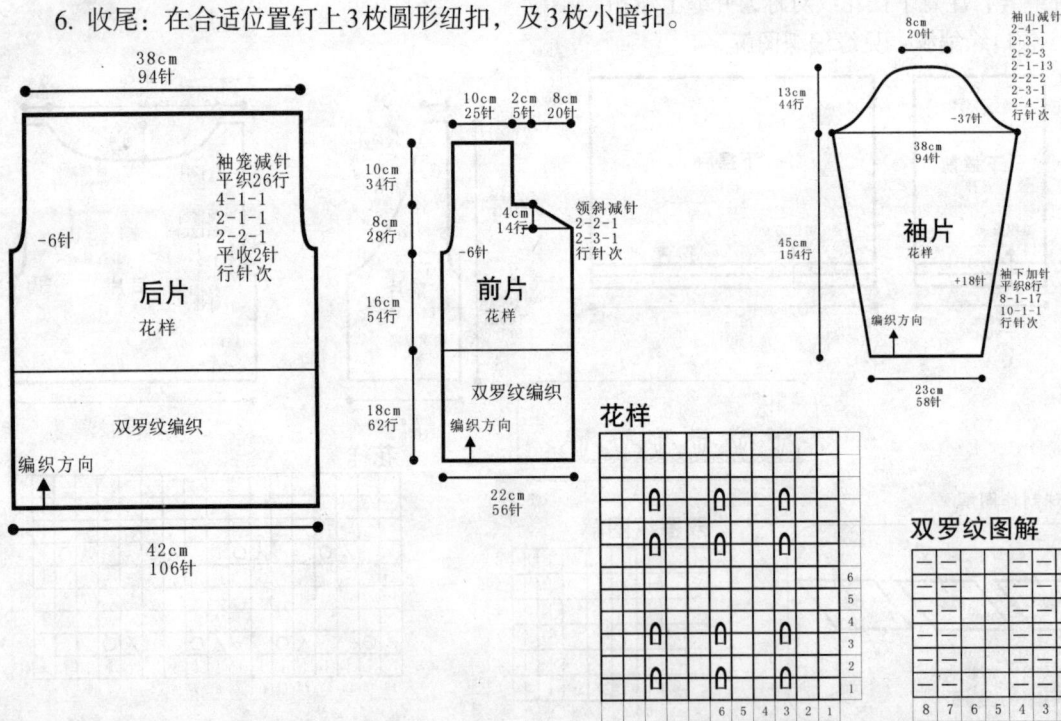

后片

38cm
94针

袖笼减针
平织26行
4-1-1
2-1-1
2-2-1
平收2针
行针次

-6针

后片
花样

双罗纹编织

编织方向

42cm
106针

前片

10cm 2cm 8cm
25针 5针 20针

10cm
34行

8cm
28行

4cm
14行

领斜减针
2-2-1
2-3-1
行针次

-6针

16cm
54行

前片
花样

18cm
62行

双罗纹编织

编织方向

22cm
56针

袖片

8cm
20针

袖山减针
2-4-1
2-3-1
2-2-3
2-1-13
2-2-2
2-3-1
2-4-1
平收7针
行针次

13cm
44行

-37针

38cm
94针

袖片
花样

45cm
154行

袖下加针
平织8行
10-1-17
行针次

+18针

23cm
58针

编织方向

花样

6
5
4
3
2
1

6 5 4 3 2 1

双罗纹图解

6
5
4
3
2
1

8 7 6 5 4 3 2 1

系带小披肩

【成品尺寸】衣长44cm　胸围84cm　肩宽38cm　袖长25cm

【工具】11mm钢针　环形针

【材料】红色毛线450g

【密度】10cm²：30针×40行

【制作过程】

　　1. 前片（左、右两片）：普通起针法起15针，按身片加针及花样织18cm，按袖窿减针及前领减针，织出袖窿和前领。以上织出为左片，再对称织出右片。

　　2. 后片：普通起针法起126针，花样编织18cm，按袖窿减针织出袖窿后收针。

　　3. 袖片（两片）：普通起针法起108针，按袖下加针及袖山减针织出袖下和袖山。

　4. 缝合：两片前片和后片缝合，注意花纹对称处，将袖片缝合并装袖。

　5. 挑领和门襟：用环形针挑，前片、后片、后领各挑110针、126针、54针，扭针单罗纹编织。

　6. 袖边：编织方法与门襟类似，在扭针处织4cm。

前片

9cm 27针　9cm 27针
18cm 72行
前领减针
平织2行
2-1-21
4-1-6
行针次
-6针　　-27针
18cm 72行
编织方向　+45针
身片加针
2-1-29
2-2-3
2-3-2
2-4-2
行针次
5cm 15针

后片

38cm 114针
18cm 72行
-6针
袖笼减针
平织60行
4-1-2
2-1-2
平收2针
行针次
18cm 72行
编织方向
42cm 126针

袖片

10cm 30针
袖山减针
2-4-3
2-3-1
2-2-4
2-1-14
2-4-2
2-3-2
2-4-1
行针次
13cm 52行
-45针
花样
7cm 28行
+6针　编织方向　40cm 120针
袖下加针
平织4行
4-1-6
行针次
36cm 108针

领和门襟

7cm 28行
2cm 8行
编织方向　扭针

注：前2cm打完后对折缝合，再挑针.仿机器领的一种编织法.

扭针单罗纹图解

花样

【成品尺寸】衣长56cm 袖长57cm 肩宽96cm

【工具】9号棒针 环形针

【材料】黄色羊毛线260g 黑色羊毛线60g

【密度】$10cm^2$：25针×32行

【制作过程】单股线编织，衣服由前片、后片、袖片组成。

1. 后片：用黄色羊毛线起120针编织下针后片，编织到34cm时开始袖窿减针，按结构图减完针后不加减针编织到肩部，肩部各留出22针后进行后领窝减针，完成后收针断线。

2. 内前片：用黑色羊毛线起120针编织下针内前片，编织到34cm时开始袖窿减针，按结构图减完针后不加减针编织到肩部，肩部各留出20针后进行领窝减针，完成后收针断线。

3. 外前片：黄色起30针编织花样外前片，在一侧加出圆摆，共需加25针，编织到26cm时圆摆侧开始前衣领减针，另一侧开始袖窿减针，按结构图减完针编织到肩部，完成后收针断线。同样方法完成另一侧前身片，两片方向相反。

4. 袖片：起65针从袖口编织花样袖片，两侧均匀不加针编织到47cm后开始袖山减针，最后余下15针收针断线。再完成另一片袖片。

5. 缝合：沿边对应先固定，再与后片相应位置缝合后，另起针用环形针宽松点多些针数挑织单罗纹针衣边，织24行。

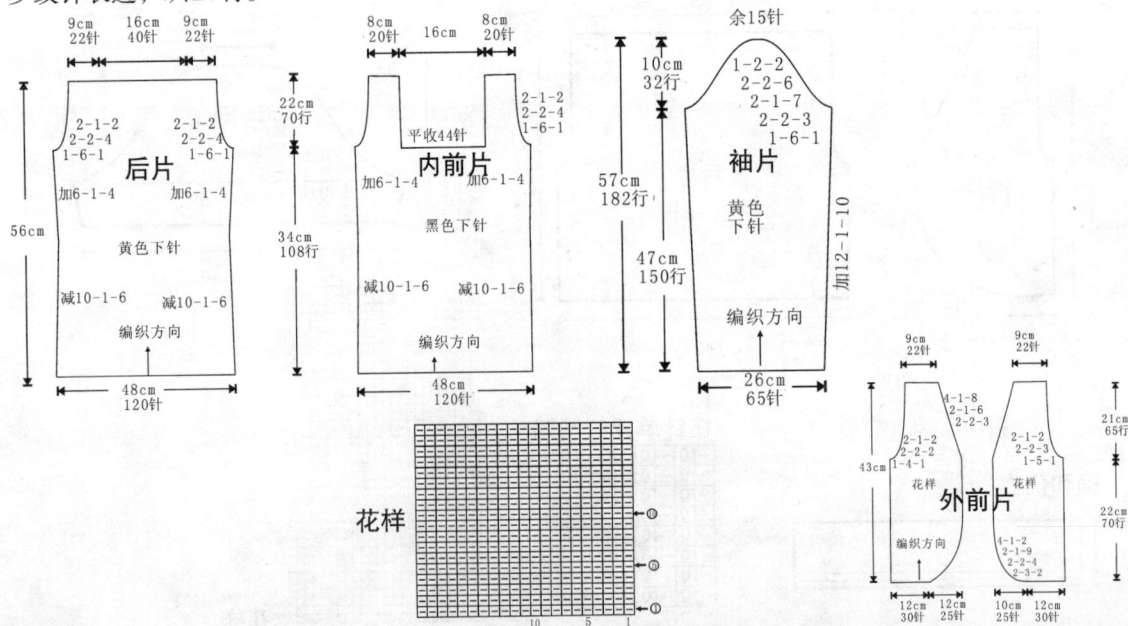

后片

9cm 22针　16cm 40针　9cm 22针

22cm 70行

2-1-2　2-1-2
2-2-4　2-2-4
1-6-1　1-6-1

加6-1-4　加6-1-4

黄色下针

减10-1-6　减10-1-6

编织方向

56cm
34cm 108行

48cm 120针

内前片

8cm 20针　16cm　8cm 20针

2-1-2
2-2-4
1-6-1

平收44针

加6-1-4　加6-1-4

黑色下针

减10-1-6　减10-1-6

编织方向

48cm 120针

袖片

余15针

10cm 32行

1-2-2
2-2-6
2-1-7
2-2-3
1-6-1

57cm 182行

47cm 150行

袖片

黄色下针

加12-1-10

编织方向

26cm 65针

花样

花样

外前片

9cm 22针　　9cm 22针

4-1-8
2-1-6
2-2-3

2-1-2
2-2-2
1-4-1

2-1-2
2-2-3
1-5-1

花样　　花样

43cm

21cm 65针

编织方向

4-1-2
2-1-9
2-2-4
2-2-3

22cm 70行

外前片

12cm 30针　12cm 25针　10cm 25针　12cm 30针

雅致小外套

【成品尺寸】衣长40cm　袖长50cm　胸围90cm

【工具】9号棒针　环形针　电熨斗

【材料】白色牛奶绒毛线290g　胶印花样

【密度】10cm²：22针×26行

【制作过程】单股线编织，衣服由前片、后片、袖片组成。

1. 后片：起98针，编织下针后身片，编织到20cm时开始袖窿减针，按结构图减完针后不加减针编织到肩部，肩部各留出9cm后，进行后领窝减针，完成后收针断线。

2. 前片：起21针，编织下针前身片，在一侧加出圆摆，共需加14针，编织到20cm时分别开始前衣领、袖窿减针，按结构图减完针后不加减针编织到肩部，完成后收针断线。同样方法完成另一侧前身片，两片方向相反。

3. 袖片：起57针，编织双罗纹针袖口，织20cm后下针编织袖片并均匀加针，共编织到40cm后开始袖山减针，最后余下19针收针断线，再完成另一片袖片。

4. 缝合：沿边对应相应位置缝合后，用环形针沿边连续挑织衣领、门襟边、下边，共挑织52行。整体完成后，用熨斗在胸前印好装饰花样。

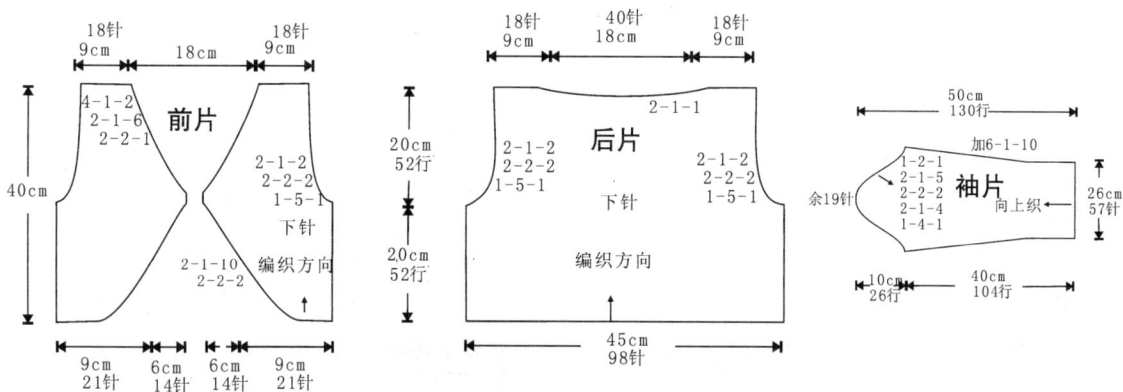

双罗纹图解

下针花样

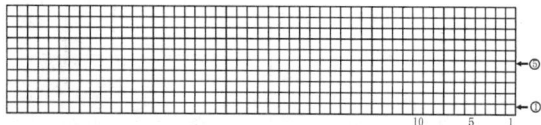

【成品尺寸】衣长46cm　胸围84cm　肩宽34cm　袖长56cm

【工具】3.5mm棒针

【材料】米色毛线500g

【密度】10cm²：18针×22行

【制作过程】

1. 前、后片：后片和前片一起织，先起76针编织花样A，并如图所示进行加针，加出前片来，织63行后编织6行锁链针，然后编织花样B并收袖窿，继续编织14cm收后领。

2. 袖片：起62针先编织双罗纹针2cm，然后编织花样A，并如图所示进行减针，74行后编织6行锁链针后改织花样B，织5cm后收袖山，编织两片。

3. 缝合：先将肩部缝合，然后上袖子。沿着领圈、门襟与下摆一圈挑出适合的针数，编织8cm单罗纹针。

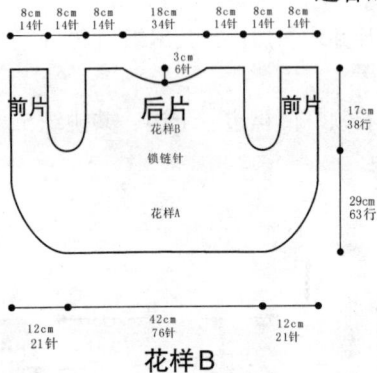

后领减针
2行平收
2-2-2
28针停织

袖笼减针
28针平收
2-1-5
4针停织

下摆加针
14行平收
2-1-11
2-2-5

| 8cm 14针 | 8cm 14针 | 8cm 14针 | 18cm 34针 | 8cm 14针 | 8cm 14针 | 8cm 14针 |

3cm 6针

前片　后片　前片

花样B
锁链针
花样A

17cm 38行

29cm 63行

12cm 21针　42cm 76针　12cm 21针

花样B

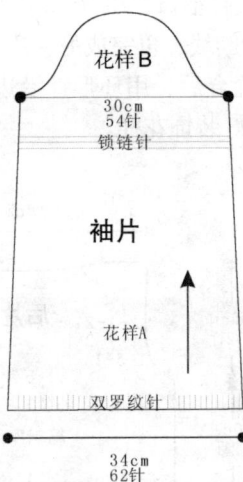

袖山减针
16针平收
2行平织
2-3-1
2-2-2
2-1-8
2-2-1
2针停织

12cm 26行

花样B

30cm 54针
锁链针

5cm 12行

袖片

袖下减针
16行平织
16-1-4

37cm 80行

花样A

双罗纹针

2cm 4行

34cm 62针

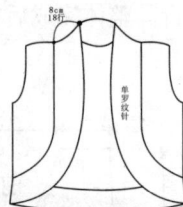

8cm 18针

单罗纹针

单罗纹图解

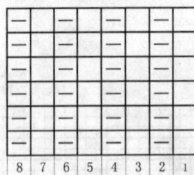

双罗纹图解

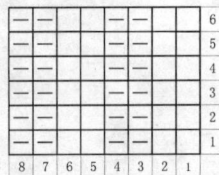

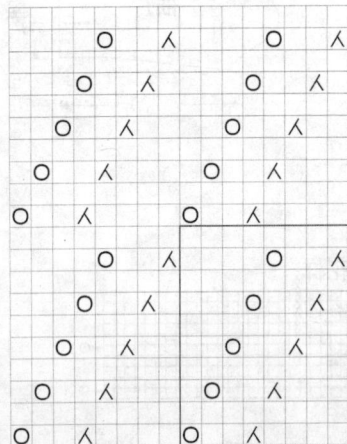

花样A

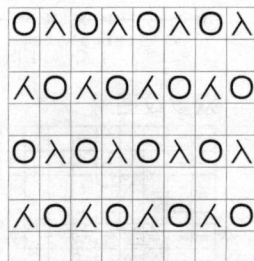

白色风情开衫

【成品尺寸】衣长64cm

【工具】7号棒针

【材料】白色中粗冰岛毛线180g　松树纱毛线120g

【密度】10cm²：25针×30行

【制作过程】单股线编织，用白色中粗冰岛毛线起80针，编织单罗纹到50cm时换松树纱线，编织到110cm时换白色中粗冰岛毛线再编织50cm。口袋用松树纱毛线起针30针，编织12cm后结束。

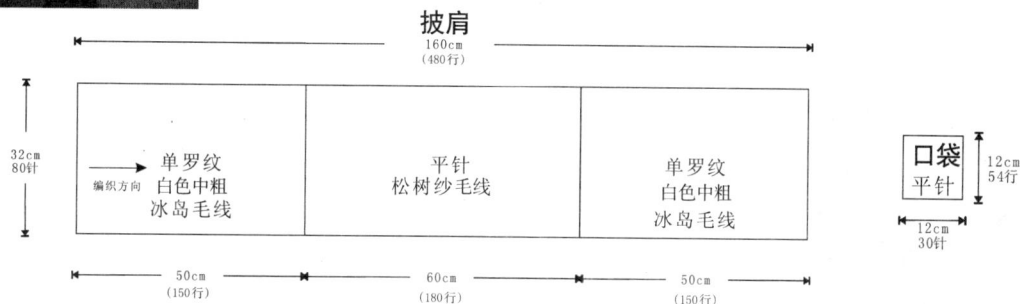

披肩

160cm
(480行)

32cm
80针

编织方向 →

| 单罗纹
白色中粗
冰岛毛线 | 平针
松树纱毛线 | 单罗纹
白色中粗
冰岛毛线 |

50cm
(150行)　60cm
(180行)　50cm
(150行)

口袋
平针

12cm
54行

12cm
30针

【成品尺寸】衣长58cm　肩宽38cm

【工具】3mm棒针

【材料】米白色兔绒毛线400g

【密度】10cm²：25针×38行

【制作过程】1. 前、后片：起156针先编织2cm双罗纹针，然后改织反针39cm。先织52针，再平收42针，前、后片：剩余62针编织完，第二行在前一行平收的地方平加42针。继续编织38cm，重复操作一次收针加针的动作。再编织39cm后，改织2cm双罗纹针后收针。

2. 后腰饰片：起98针编织反针，并如图示进行减针。

3. 缝合：如图示将底边均匀打褶与饰片缝合。袖隆处挑起84针编织双罗纹针3cm。

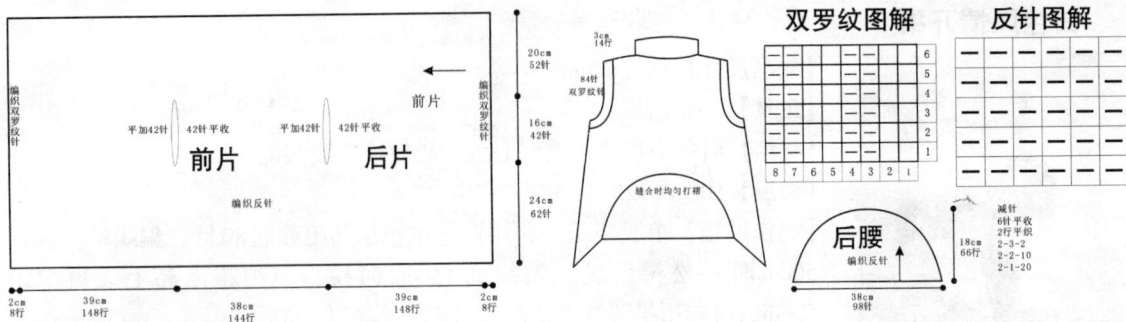

双罗纹图解

反针图解

前片 ← 前片

前片 **后片**

编织双罗纹针

平加42针 42针平收 平加42针 42针平收

编织反针

20cm 52针 3cm 14行

84针 双罗纹针

16cm 42针

24cm 62针

缝合时均匀打褶

2cm 8行 39cm 148行 38cm 144行 39cm 148行 2cm 8行

后腰

编织反针

减针 6针平收 2行平织 2-3-2 2-2-10 2-1-20

18cm 66行

38针 98针

清纯圆领开衫

【成品尺寸】衣长44cm　胸围86cm　肩宽34cm　袖长30cm

【工具】3.75mm棒针

【材料】白色毛线250g

【密度】10cm²：24针×26行

【制作过程】

1. 后片：先织衣服的上半部分，起103针A，下针织到24cm处开挂肩，按图解减针。

2. 前片：起60针，织25针花样A，织35针下针，按图解编织，

3. 袖片：起72针，中间织12针花样B，挂肩减针等按图解编织。

4. 衣服底下部分：即a部分，起24针，织花样B，织到96cm处，收针结束。

5. 缝合：前后片、衣袖缝合后，a部分与衣身缝合，清洗，熨烫。

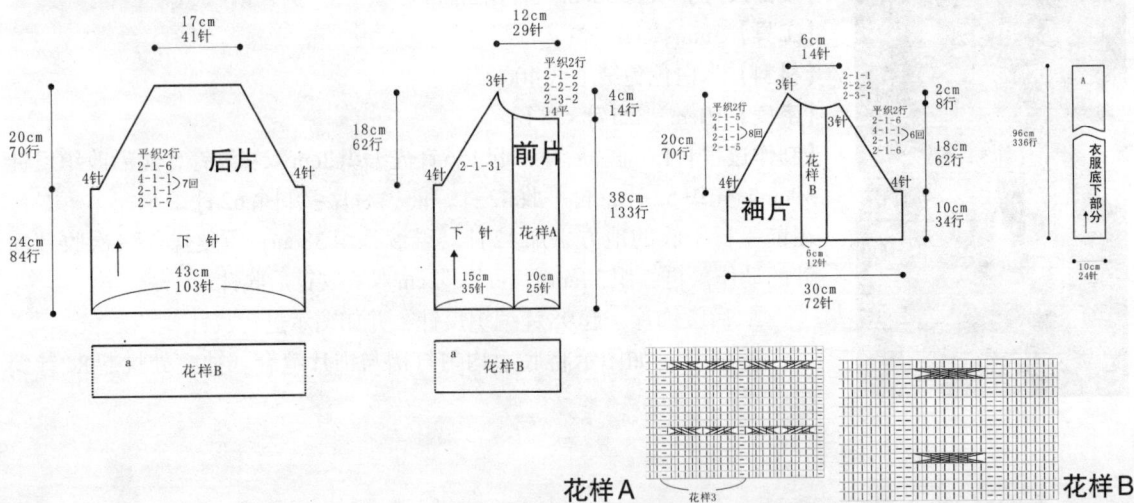

17cm 41针

后片

20cm 70行 平织2行 2-1-6 2-1-1 2-1-1 2-1-1 7回

4针 4针

24cm 84行

下针

43cm 103针

a 花样B

12cm 29针

平织2行 2-2-1 2-2-2 2-2-1 14平 3针 4cm 14行

前片

18cm 62行

4针 2-1-31

下针 花样A

15cm 35针 10cm 25针

a 花样B

38cm 133行

6cm 14针

平织2行 2-1-1 4-1-1 8回 2-1-1 3针 2-1-1 2-2-2 2-2-1 3针 4-1-1 6回 2-1-1

平织2行 2cm 8行

袖片

20cm 70行

4针 花样B 4针

18cm 62行

10cm 34行

6cm 12针

30cm 72针

A

2cm 8针

96cm 336行

衣服底下部分

18cm 62行

10cm 24针

花样A

花样3

花样B

【成品尺寸】衣长47cm　袖长17cm　胸围96cm

【工具】7号棒针

【材料】白色精纺棉毛线330g　浅蓝色精纺棉毛线100g

【密度】10cm²：21针×25行

【制作过程】两股线编织，毛衣由育克片、前后片、袖片组成。

　　1. 育克片：起104针编织花样育克片，不加减针共织12cm，收针断线。

　　2. 后片：起100针双罗纹针边，编织后片，两侧减针收腰，编织至40cm时中心平收40针，两侧分别进行衣领和袖窿减针，按图完成减针后，身长共织47cm。

　　3. 前片：起50针双罗纹针边，编织前片，一侧不加减针，一侧减针收腰，编织至40cm时，收针侧进行袖窿减针，不收针侧平收20针进行衣领减针，按图完成减针后身长共织47cm。

　4. 袖片：起60针双罗纹针从袖口配色编织下针袖片，两侧均匀加针编织10cm后开始袖山减针，按图示减针后余38针，同样方法完成另一片袖片。

　5. 缝合：将前、后片和袖片缝合，再从前片开始将育克片缝合，沿另一侧育克边挑织下针领边，挑针时要比原尺寸稍紧些。

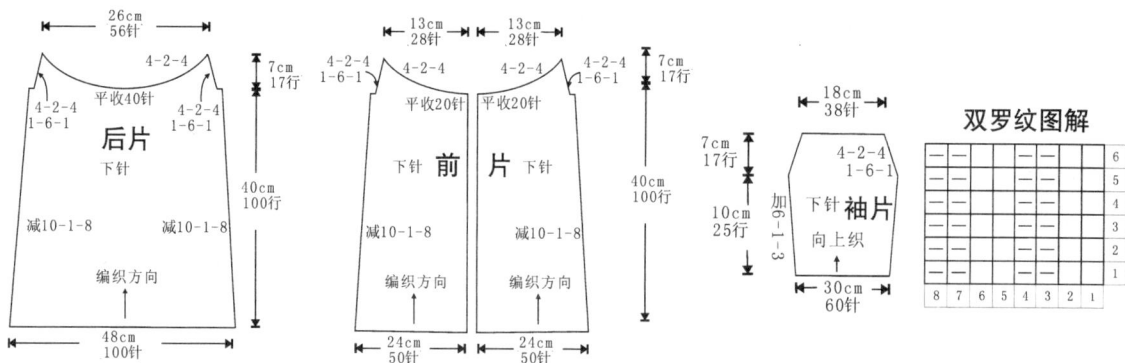

26cm
56针

4-2-4

7cm
17行

4-2-4
1-6-1

平收40针

4-2-4
1-6-1

后片
下针

40cm
100行

减10-1-8　　减10-1-8

编织方向

48cm
100针

13cm
28针　　13cm
28针

4-2-4
1-6-1　　4-2-4
1-6-1

7cm
17行

平收20针　　平收20针

下针　前　片　下针

40cm
100行

减10-1-8　　减10-1-8

编织方向　　编织方向

24cm
50针　　24cm
50针

18cm
38针

双罗纹图解

7cm
17行

4-2-4
1-6-1

下针 袖片

向上织

加6-1-3

10cm
25行

30cm
60针

| | | | | | | | | 6 |
| 5 |
| 4 |
| 3 |
| 2 |
| 1 |
| 8 | 7 | 6 | 5 | 4 | 3 | 2 | 1 |

花样　图示说明：■=浅蓝色 □=灰色

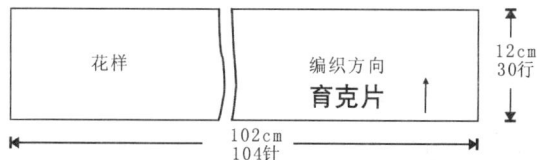

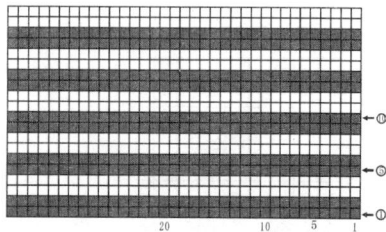

花样

编织方向

育克片

12cm
30行

102cm
104针

20　　10　5　　1

111

妩媚条纹开衫

【成品尺寸】衣长100cm　袖长12cm

【工具】2mm棒针

【材料】白色棉线500g　黑色棉线100g

【密度】10cm²：36针×44行

【制作过程】

　　1. 披肩片：本件披肩左右前片、后片为一整片。按结构图编织，起164针编织，织29cm后在相应位置先平收42针，再在下1行平加42针。

　　2. 袖片：起116针，编织双罗纹针2cm，然后改织平针，并如图所示收袖山。编织两片，与衣片缝合。

　　3. 领：起64针，采用提花花样编织100cm，对折后缝在衣片门襟与领的位置上。

　　4. 整理：下摆处装上10cm流苏。

花样针法

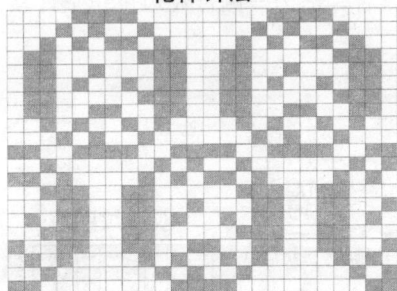

□=白色

■=黑色

袖片

两片

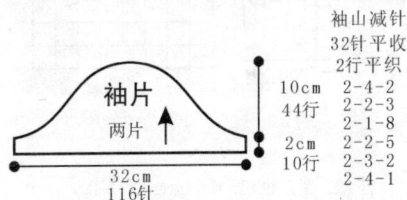

32cm
116针

2cm
10行

10cm
44行

袖山减针
32针 平收
2行 平织
2-4-2
2-2-3
2-1-8
2-2-5
2-3-2
2-4-1

双罗纹图解

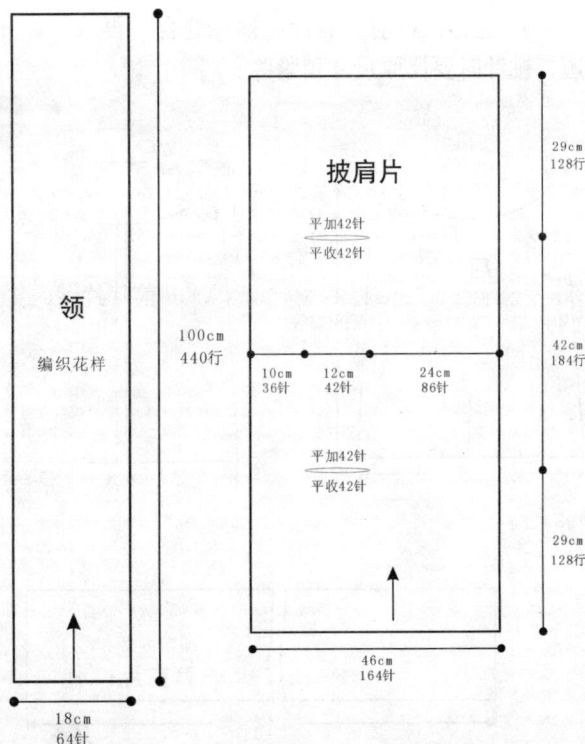

领

编织花样

100cm
440行

18cm
64针

披肩片

平加42针
平收42针

10cm
36针　12cm
42针　24cm
86针

平加42针
平收42针

29cm
128行

42cm
184行

29cm
128行

46cm
164针

112

【成品尺寸】衣长75cm　胸围84cm　肩宽38cm　臀围94cm　袖长58cm
【工具】13mm钢针
【材料】白色毛线970g　黑色毛线70g
【密度】10cm²：29针×33行
【附件】2枚白色小圆形纽扣
【制作过程】说明：黑条纹都为6行，白条纹14行；前片8条黑条纹后，换白色编织34行，最后白色为4行，因下针收针边会自然卷；后片5条黑条纹后，都为白色编织。袖片和坎肩都为白色编织。

　　1. 前片：双罗纹起针法起136针，双罗纹编织5cm后，按下摆减针及图示花样编织22cm，不加不减织5cm按腋下减针及图示花样织出前片。

　　2. 后片：双罗纹起针法起136针，双罗纹编织5cm后，按下摆减针下针编织22cm，不加不减下针织5cm花样A及腋下加针织22cm；按后袖窿减针及后领减针织出后袖窿及后领；后领挑针，挑38针，单罗纹编织。

　3. 坎肩（两片）：普通起针法起26针，加10针织花样B后改织花样A，按领下加针及腋下加针织23cm；按前领减针和前袖窿减针，织出前领和袖窿；织完后，门襟挑花边，见坎肩花边图解；以上织出为左片，再对称织出右片。

　4. 袖片（两片）：双罗纹起针法起136针，双罗纹编织8cm；按袖下加针，花样A编织37cm；按袖山减针织出袖山。

　5. 收尾：前片、后片和腋下对称缝合；两片坎肩与后片肩部腋下缝合；前片与坎肩花边处缝合固定；在前片34行白色处，缝上2枚白色小圆形纽扣。

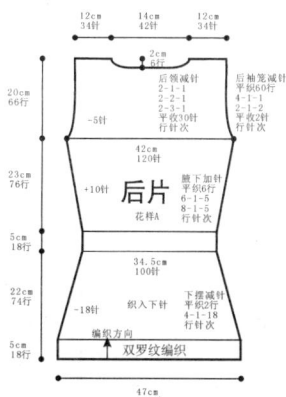

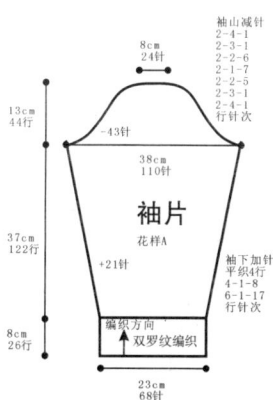

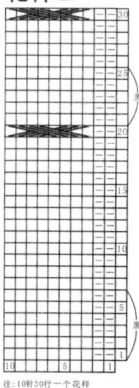

花样B

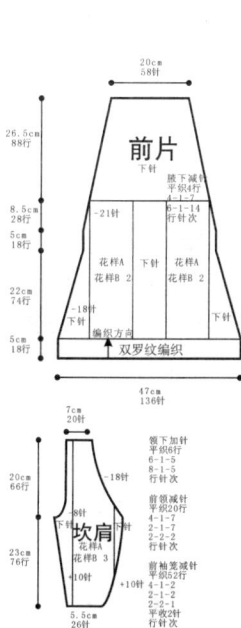

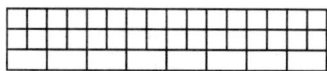

坎肩花边图解

注：挑131针，按1挑2针后变为262针，下针编织6行后收针，再另挑131针，重复前面操作，花边自然形成

花样A

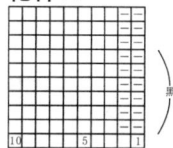

双罗纹图解

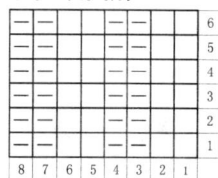

113

简约镂空短装

【成品尺寸】衣长44cm　胸围96cm

【工具】5号棒针　6号钩针

【材料】白色棉绒毛线200g　红色棉绒毛线60g

【密度】10cm²：13针×21行

【制作过程】单股线钩织，两股线编织。毛衣由前、后片、帽片、围巾组成。围巾由单元花拼接而成。

1. 后片：起64针编织花样后片，编织到20cm时开始袖窿减针，按结构图减完针后不加减针编织到肩部。

2. 前片：起32针编织花样前片，衣襟边随前片同织，编织到20cm时袖窿减针，身长共织到32cm时进行前衣领减针，按结构图减完针后，收针断线。同样方法完成另一侧前片，减针方向相反。

3. 缝合：沿边对应相应位置缝实。从前领窝挑织帽片，挑织64针编织花样，按结构图所示减针，共织32cm，断线，沿帽顶缝合。

4. 单元花：单股线起针钩织单元花。用红线圈起钩织5组3针玉米针，玉米针间钩织5针辫子针，断线。同样方法换白线钩织第二圈，最外侧钩织拼接用5针辫子针。完成28个单元花，按图示拼接成长条围巾，两端穿入白色线流苏，流苏的长度可自由调节。

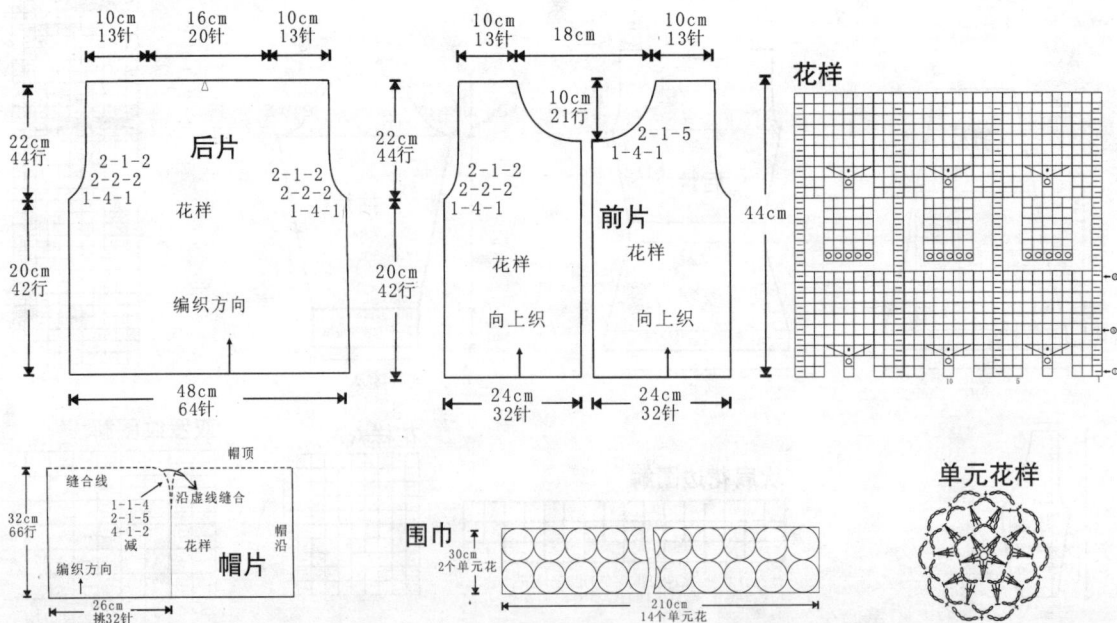

114

【成品尺寸】衣长60cm　袖长54cm

【工具】7号棒针

【材料】白色粗毛线500g

【密度】10cm²：18针×27行

【附件】3枚纽扣

【制作过程】单股线编织，毛衣由前、后片、袖片、帽子组成。

　　1. 后片：起90针织单罗纹边，然后编织花样，按结构图所示，留出袖窿、后领窝。

　　2. 前片：起45针织单罗纹边，然后编织花样，按结构图袖窿减针、前领窝减针，注意门襟一起编织，门襟编织链子针，开扣眼，钉纽扣。

　　3. 袖片：从袖口起36针单罗纹针，编织边后，编织花样，按结构图所示，均匀加针，袖山减针，断线。同样方法再完成另一片袖片。

　　4. 缝合：沿边对应相应位置缝实。沿后领、前门襟挑起编织帽子。

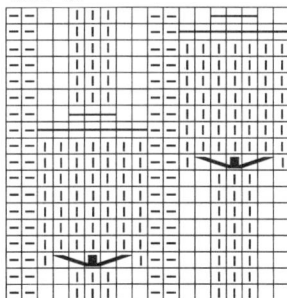

编织花样

后片

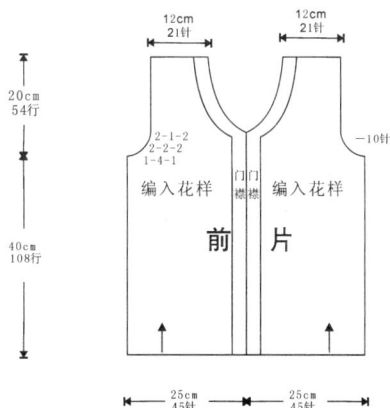

前　片

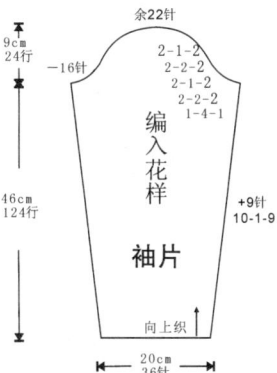

袖片

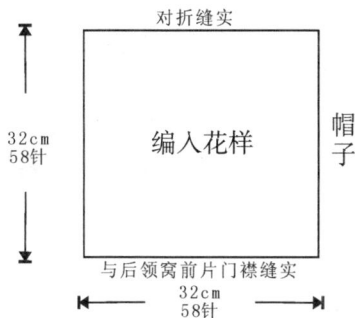

帽子

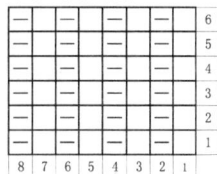

单罗纹图解

115

【成品尺寸】衣长48cm　胸围92cm

【工具】4号钩针

【材料】白色棉线160g　白色马海毛60g

【附件】纽扣3枚

【制作过程】单股线钩编，背心由前、后片组成。

　　1. 后片：棉线起46cm辫子针钩编花样A后片，不加减针钩织28cm后收针断线。

　　2. 前片：棉线起16cm辫子针从肩部钩编花样B前片，一侧加出衣领，共加4个花样，一侧不加减针钩织，身长共钩28cm后收针断线。

　　3. 缝合：将前、后片对接钩合。沿衣领、袖窿用马海毛线钩织长针装饰边及领边，门襟边留出扣眼位置，缝好纽扣。下边用棉线钩织花样装饰边。

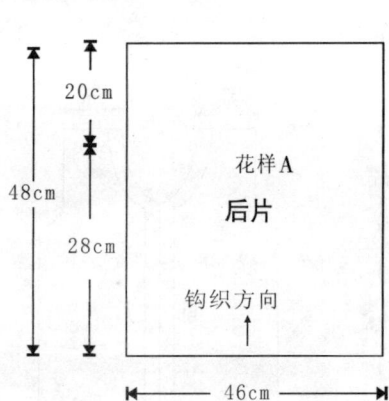

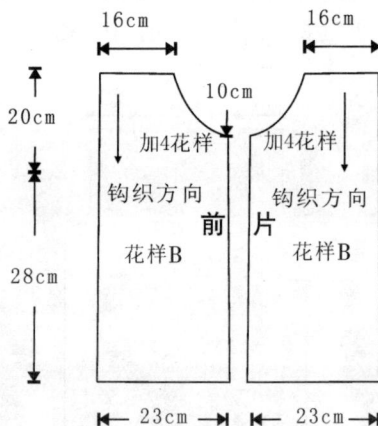

边花样

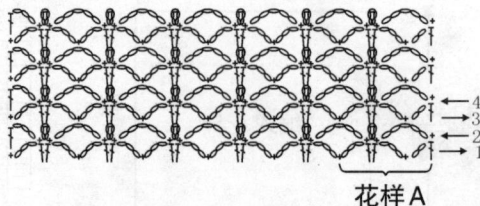

花样A

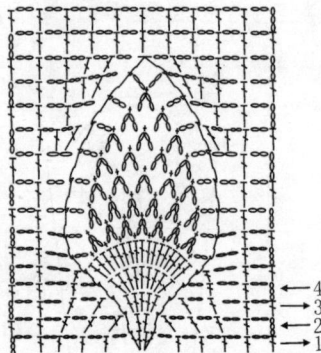

花样B

性感百搭开衫

【成品尺寸】衣长45cm　袖长15cm

【工具】9号棒针

【材料】米色粗棉毛线400g

【密度】10cm²：24针×36行

【制作过程】单股线编织，毛衣由前、后片、袖片组成。

　　1. 后片：起108针，编织花样到27cm时，开始袖窿减针，按结构图减完针后，不加减针编织到肩部。

　　2. 前片：起针44针，编织花样按结构图加针加出圆角，编织到27cm时，进行袖窿减针，按结构图减针留出前领窝。

　　3. 袖片：起针从袖口起76针，编织双罗纹5cm，接着编织花样，按结构图加针，袖山减针，同样方法再完成另一片袖片。

　4. 缝合：沿边对应相应位置缝实。衣领、门襟、后片底边另挑起编织双罗纹。

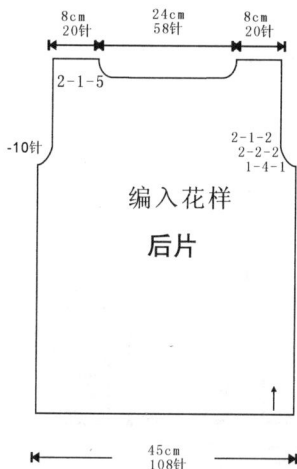

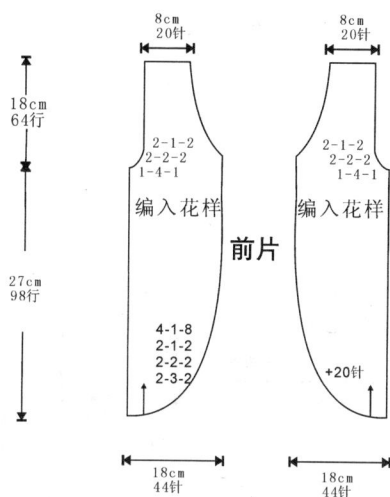

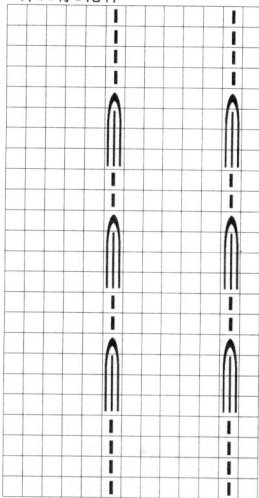

6针18行1花样

花样

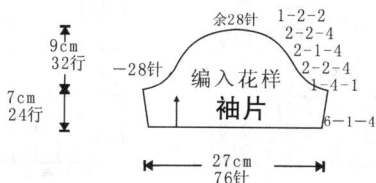

双罗纹图解

【成品尺寸】衣长60cm　胸围86cm　肩宽40cm　袖长58cm
【工具】3号棒针
【材料】黑色毛线750g　白色毛线100g
【密度】10cm²：33针×42行
【附件】4枚白色圆形纽扣
【制作过程】

1. 前片：双罗纹针起142针，双罗纹编织10cm，按花样A织到24cm后开领，织到9cm后，按袖窿减针，织出袖窿，开领处先织右边部分，再对称织出左边部分。

2. 后片：编织方法与前片类似，不同之处为花样A为下针织入，开领见后领减针。

3. 袖片（两片）：双罗纹针起72针，双罗纹编织10cm，按袖下加针下针织入35cm，按袖山减针织出袖山。

4. 坎肩（左、右两片）：普通起针法起31针，按花样B及下部分加针织7cm，按上部分减针织到7cm，再按袖窿减针织袖窿。

5. 缝合：坎肩左右两片与前片缝合；前、后片肩部、腋下缝合；袖片、袖下缝合；装袖；挑领，上片和后领各挑144针和84针，按领边图解编织4cm。最后缝上纽扣。

前片

后片

袖片

坎肩

花样A

花样B

领边扭针图解

双罗纹图解

甜美系扣开衫

【成品尺寸】衣长50cm　胸围84cm　肩宽38cm

【工具】8号棒针　4mm钩针

【材料】米色毛线400g

【密度】10cm²：10针×15行

【附件】线扣3枚　装饰羊毛片2片　PP棉线少许

【制作过程】

1. 前片（左、右两片）：普通起针法起21针，前3针编织花样B，后18针编织花样A，织8cm，下针编织20cm；按袖窿减针，前领减针，花样B织出袖窿和前领。以上织出为左片，再对称织出右片。

2. 后片：编织方法与前片类似，不同之处为花样A以上都为下针编织，开领见后领减针。

3. 缝合：前片两片与后片、肩部、腋下缝合。

4. 帽子：如图前领、后领各挑12针、20针，织38行，中间2针两侧各减3针，每2行减1针，减3次，平织2行，然后帽沿缝合。

5. 线扣（3个）：用钩针圆圈起针钩6针，1针放2针，一圈短针，1针并2针，装上PP棉线拉紧打好结即可。

6. 收尾：用钩针在左前片相应位置钩线扣洞；安上3枚线扣；在指定位置缝上装饰片。

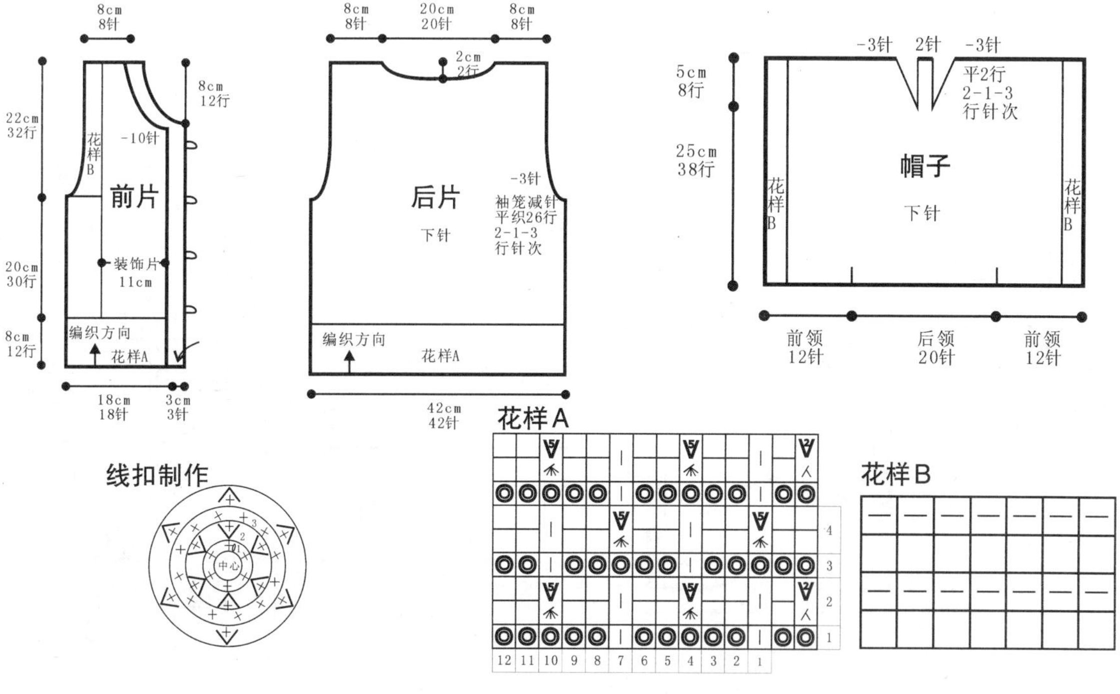

前片

后片

帽子

线扣制作

花样A

花样B

【成品尺寸】衣长50cm　胸围84cm　肩宽38cm

【工具】8号棒针　4mm钩针

【材料】米色毛线400g

【密度】$10cm^2$：10针×15行

【附件】线扣4枚　装饰条1条　装饰羊毛片2片，PP棉线少许

【制作过程】

1. 前片（左、右两片）：普通起针法起21针，前3针编织花样B，后18针编织花样A，织8cm，花样B、花样C同时编织，按袖窿减针织出袖窿。开扣眼，每8cm开一扣眼。以上织出为左片，再对称织出右片，不用开扣眼。

2. 后片：编织方法与前片类似，不同之处为花样A以上都为下针编织，开领见后领减针。

3. 缝合：前片两片与后片肩部、腋下缝合。

4. 帽子：如图所示。

5. 线扣（4枚）：用钩针圆圈起针钩6针，1针放2针，一圈短针，1针并2针，装上PP棉线拉紧打好结即可。

6. 收尾：安上4枚线扣；在指定位置缝上装饰片和帽沿处装饰条。

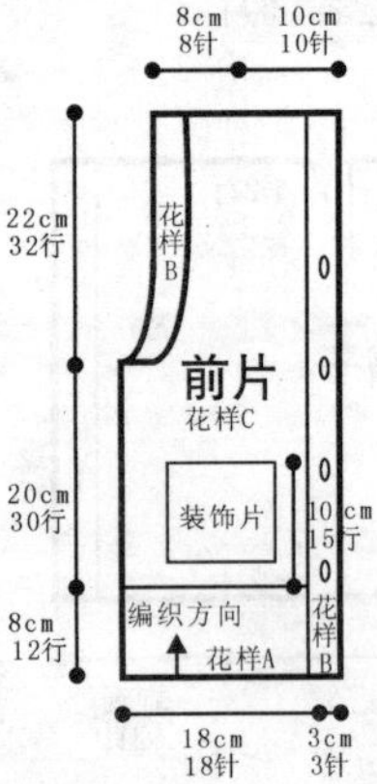

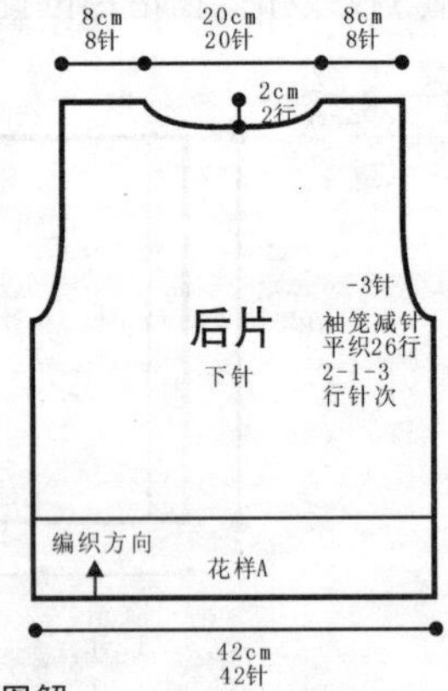

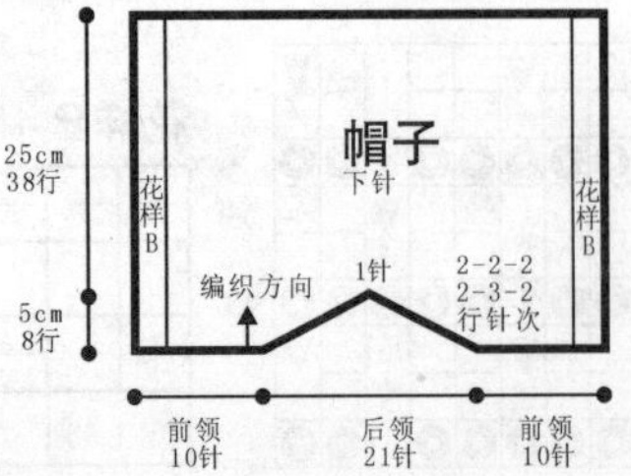

线扣制作

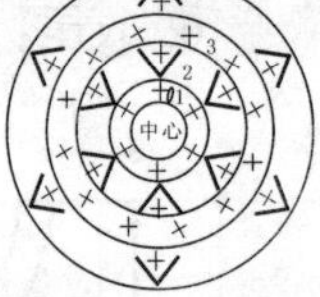

花样A

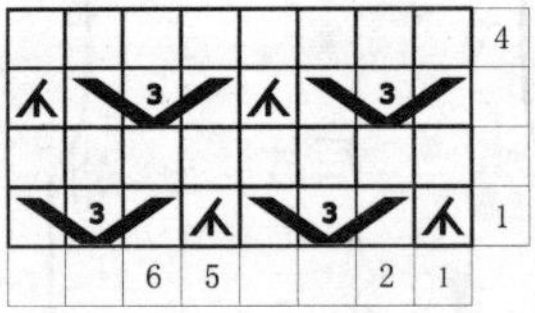

花样C

前片

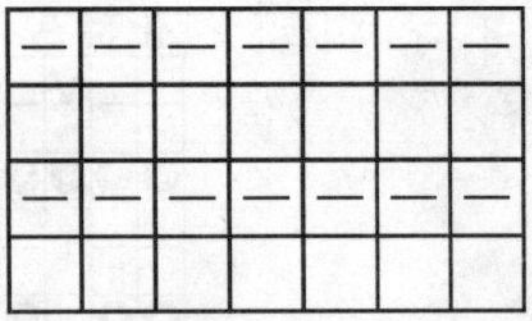

花样C

装饰片

花样A

花样B

后片

下针

袖笼减针
平织26行
2-1-3
行针次

帽子图解

帽子

下针

花样B

2-2-2
2-3-2
行针次

前领
10针

后领
21针

前领
10针

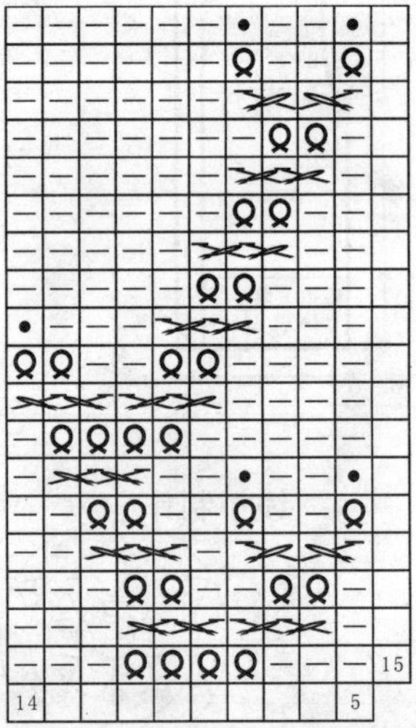

注：花样C1-14行都为上针，从15行第5针开始织花样

120

可爱系带短装

【成品尺寸】衣长41cm　胸围90cm

【工具】8号棒针

【材料】蓝色交织毛线260g

【密度】10cm²：21针×24行

【附件】装饰毛边

【制作过程】单股线编织，衣服由前片、后片组成。

　　1. 后片：起94针，编织花样后片，编织到20cm时开始袖窿减针，按结构图减完针后不加减针编织到肩部，肩部各留出16针后，进行后领窝减针，完成后收针断线。

　　2. 前片：起34针，按花样编织前片，在一侧加出圆摆，共需加14针，编织到12cm时开始前衣领减针，编织到20cm时开始袖窿减针，按结构图减完针后不加减针编织到肩部，完成后收针断线。同样方法完成另一侧前身片，两片方向相反。

　　3. 缝合：沿边对应相应位置缝合后，另起针挑织双罗纹针袖边，将装饰毛领沿衣边缝合。

前片

| 16针 8cm | 18cm | 16针 8cm |

4-1-8
2-1-6

花样　前片　花样

21cm 50行
20cm 50行
41cm

编织方向

4-1-4
2-1-6
2-2-2

| 16cm 34针 | 7cm 14针 | 7cm 14针 | 16cm 34针 |

后片

| 16针 8cm | 38针 18cm | 16针 8cm |

2-1-1

2-1-2
2-2-2
1-6-1

2-1-2
2-2-2
1-6-1

花样　后片

编织方向

45cm
94针

双罗纹图解

花样

【成品尺寸】衣长45cm　袖长13cm　胸围88cm

【工具】8号棒针　4号钩针

【材料】驼色竹炭棉毛线180g　浅蓝色丝带毛线60g

【密度】10cm²：21针×25行

【制作过程】单股线编织，衣服由前片、后片、袖片组成。

　　1. 后片：起92针编织下针后片，编织到24cm时开始袖窿减针，按结构图减完针后不加减针编织到肩部，肩部各留出18针后进行后领窝减针，完成后收针断线。

　　2. 前片：先用驼色竹炭棉毛线起钩3圈半圈花芯前片，在一侧花样加针钩出半圆，共钩11行、钩24cm，共钩2片。沿袖窿侧加钩10cm辫子针，钩出花样C过肩，完成后收针断线。同样方法完成另一侧前身片，两片方向相反。

　　3. 袖片：用浅蓝色丝带毛线起75针，从袖口编织4行下针，形成自然卷曲边，然后换驼色竹炭棉毛线编织花样A袖片，不加减针编织4cm后开始袖山减针，两侧按图减针后余下16针，收针断线。再完成另一片袖片。

　　4. 缝合：沿边对应相应位置缝合后，另起针钩织装饰花边，缝好装饰带。

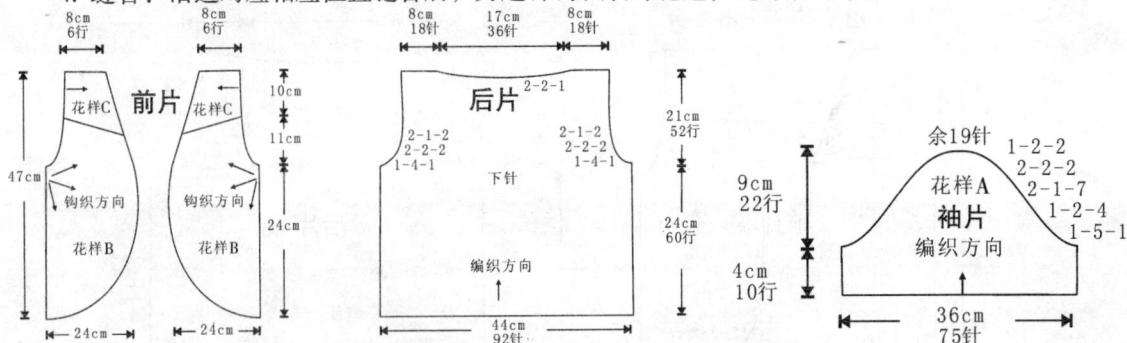

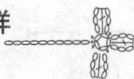

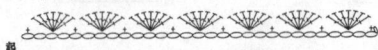

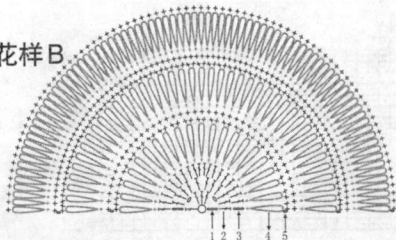

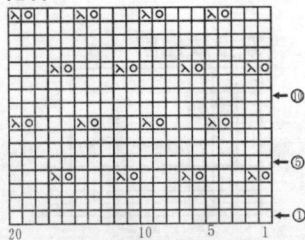

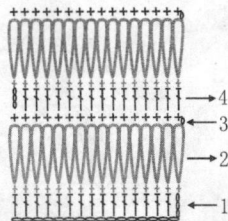

时尚系带外套

【成品尺寸】 衣长52cm　胸围88cm　肩宽32cm　袖长12cm

【工具】 4mm棒针

【材料】 米白色韩式全棉线500g　白色兔毛0.5m　米白色花边1.2m

【密度】 10cm²：20针×28行

【制作过程】

1. 后片：起88针，单罗纹花样编织14行，改织花样B，织96行后，收袖窿，织138行后，收后领，后片完成。

2. 前片：起44针，单罗纹花样编织14行后，如图所示排花，编织76行后，收前领，96行后，收袖窿，编织两片。

3. 袖片、口袋：如图所示，裁两片口袋与袖片备用，再裁一条120cm×2cm的毛条。

4. 缝合：将前、后片缝合，安装好袖片与口袋。门襟处先安装好花边，再把毛条安装在花边中间，胸口处装好丝带。

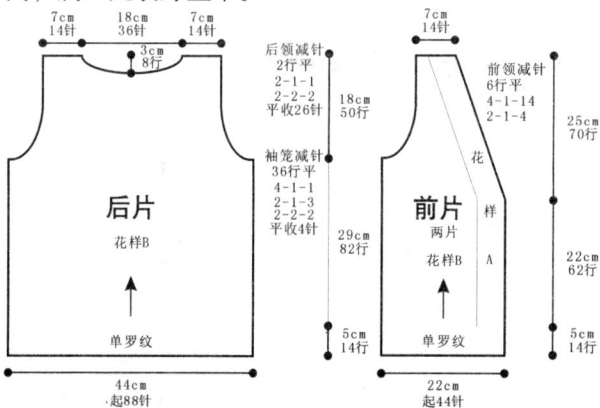

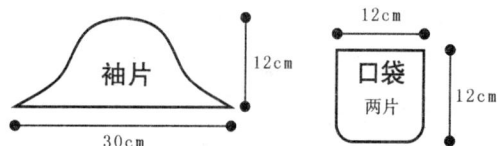

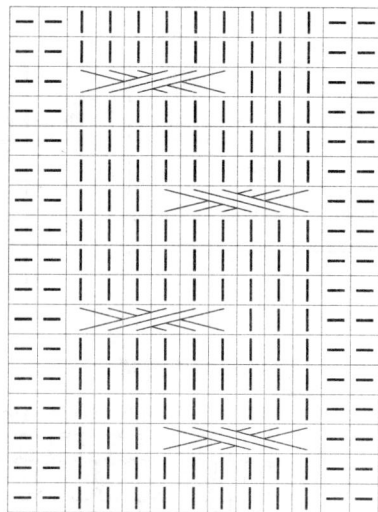

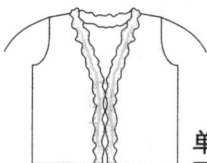

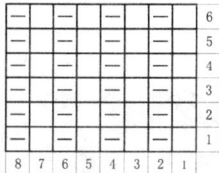

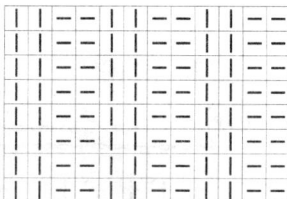

【成品尺寸】衣长66cm　胸围88cm　肩宽36cm　袖长55cm

【工具】2mm棒针　小号钩针

【材料】黑色细毛线400g　白色毛线100g

【密度】10cm²：32针×40行

【制作过程】

1. 后片：起142针，从下往上编织平针，织48cm后如图所示收袖笼，在离衣长4cm时收后领。

2. 前片：前片A片，起72针，如图所示进行排色编织并开始收袖笼，织8cm后开始收前领，编织两片；前片B片，起72针，编织48cm后，平收，编织两片。

3. 袖片：起72针，编织并按图示进行加针，织43cm后开始收袖山，编织两片。

4. 缝合：先将前片A与B缝合，缝合时注意白色部分全部打褶，黑色部分拉长进行缝合，然后再将前、后片的肩缝和侧缝缝合好。

5. 领和门襟：用白色毛线钩边。

6. 袖口钩边：起13针，编织单罗纹针14行后收针，织两片，安装在袖口。

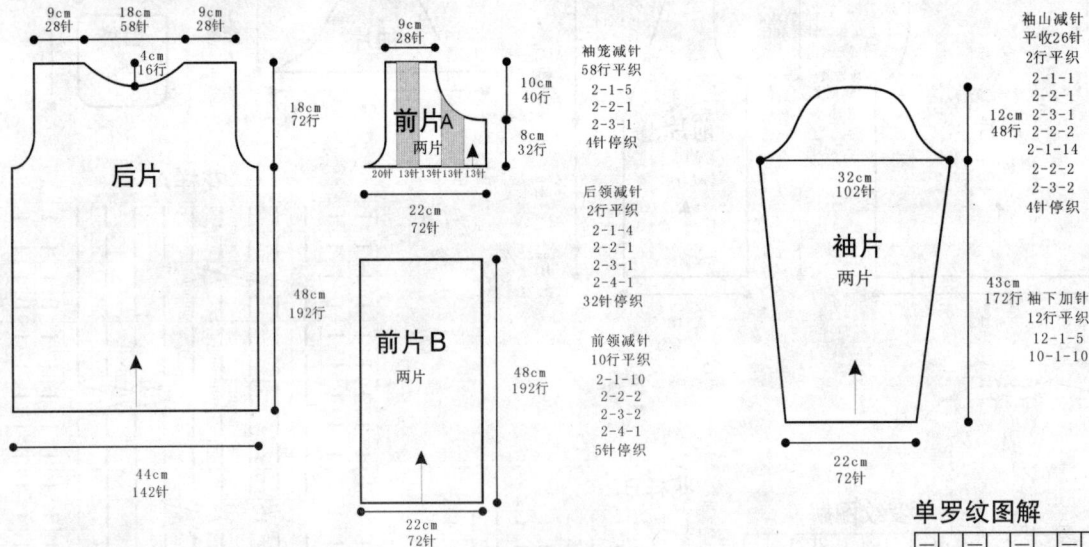

9cm　18cm　9cm
28针　58针　28针

4cm
16行

18cm
72行

后片

48cm
192行

44cm
142针

9cm
28针

前片A
两片

10cm
40行

8cm
32行

20针 13针 13针 13针

22cm
72针

前片B
两片

22cm
72针

48cm
192行

袖笼减针
58行平织
2-1-5
2-2-1
2-3-1
4针停织

后领减针
2行平织
2-1-4
2-2-1
2-3-1
2-4-1
32针停织

前领减针
10行平织
2-1-10
2-2-2
2-3-2
2-4-1
5针停织

袖山减针
平收26针
2行平织
2-1-1
2-2-1
2-3-1
2-2-2
2-1-14
2-2-2
2-3-2
4针停织

12cm
48行

32cm
102针

袖片
两片

43cm
172行

袖下加针
12行平织
12-1-5
10-1-10

22cm
72针

袖口钩边图解

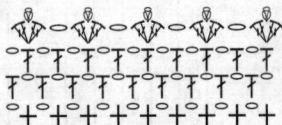

领和门襟图解

单罗纹图解

								6
								5
								4
								3
								2
								1
8	7	6	5	4	3	2	1	

【成品尺寸】衣长48cm　胸围84cm　肩宽34cm

【工具】5mm棒针

【材料】粗毛线400g　同色兔毛线若干

【密度】10cm²：16针×20行

【附件】带子2根

【制作过程】

1. 后片：起68针编织4cm单罗纹针，再改织花样反针27cm后，如图所示收袖窿，在离衣长3cm时，收后领。

2. 前片：起34针编织4cm单罗纹针，再改针花样反针23cm后，开始收前领，织3cm后，收袖窿。

3. 领：挑106针，编织单罗纹针，在后领正中30针的左右各每次代2针至门襟处，再不加不减编织4cm，收针。

4. 饰片：编织饰片A与B各两片。

5. 缝合：先将饰片A、B以及兔毛，按图示缝在前片上，再将前、后片、领、门襟各部位缝合。最后在下摆处装上流苏，领与门襟的交界处装上2根带子。

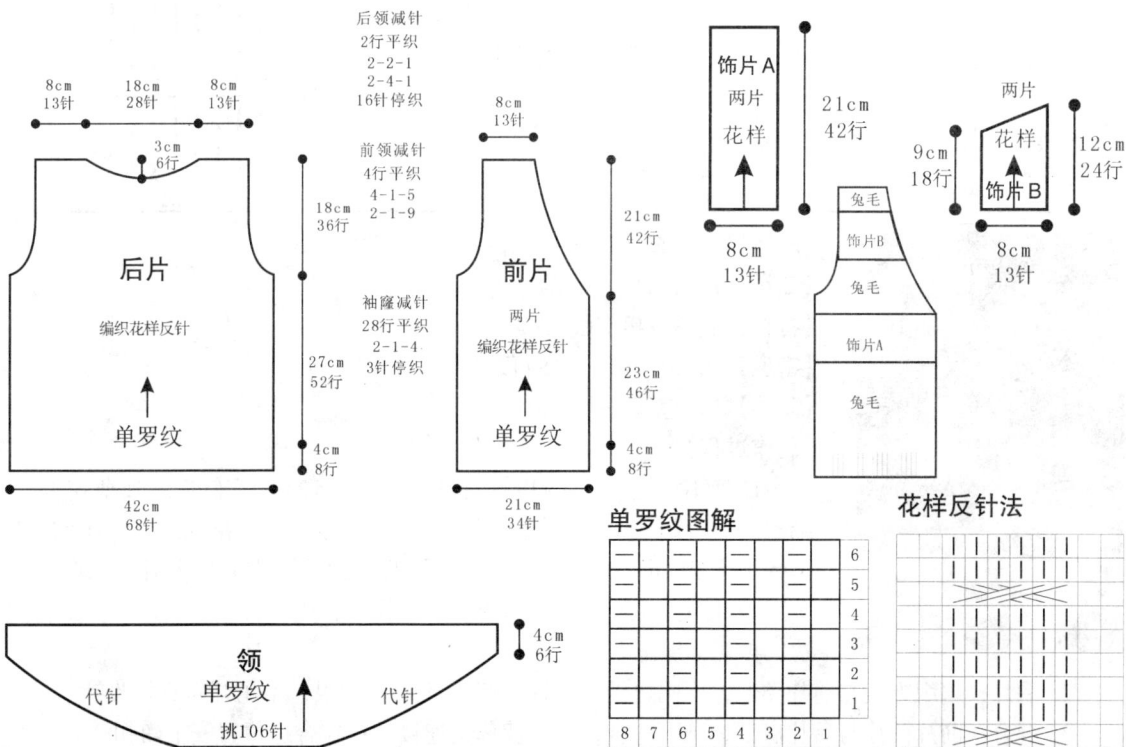

后领减针
2行平织
2-2-1
2-4-1
16针停织

前领减针
4行平织
4-1-5
2-1-9

袖窿减针
28行平织
2-1-4
3针停织

8cm 13针　18cm 28针　8cm 13针
3cm 6行
8cm 13针

18cm 36行
27cm 52行
4cm 8行

后片
编织花样反针
单罗纹

42cm 68针

21cm 42行
23cm 46行
4cm 8行

前片
两片
编织花样反针
单罗纹

21cm 34针

饰片A
两片
花样

21cm 42行

8cm 13针

兔毛
饰片B
兔毛
饰片A
兔毛

两片
花样
饰片B

9cm 18行
12cm 24行

8cm 13针

领
单罗纹
代针　代针
挑106针

4cm 6行

单罗纹图解

8	7	6	5	4	3	2	1
								6
								5
								4
								3
								2
								1

花样反针法

经典花式开衫

【成品尺寸】衣长45cm　胸围90cm

【工具】7号棒针

【材料】花式粗毛线200g

【密度】10cm²：18针×26行

【制作过程】单股线编织，毛衣由前、后片组成。

1. 后片：起80针编织花样，编织25cm后开始袖窿减针，按结构图减针收出后领。

2. 前片：起46针单编织平针，按图示减针织出下摆圆角，收袖窿。

3. 要点：前片的编织方向是从侧缝线处起针编织。

4. 缝合：沿边对应相应位置缝实。

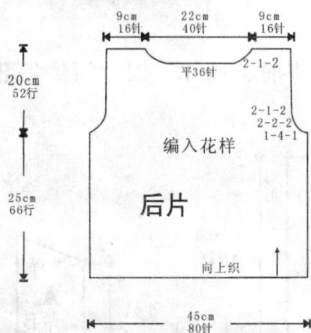

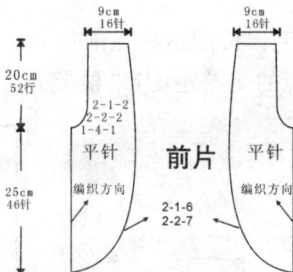

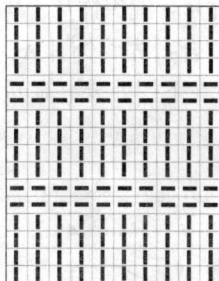

花样

【成品尺寸】衣长75cm　胸围84cm　肩宽40cm

【工具】7号棒针

【材料】灰黑色粗棉线750g

【密度】10cm²：10针×15行

【附件】1枚包线圆形纽扣

【制作过程】

1. 前片（左、右两片）：普通起针法起21针，然后织菠萝花4cm，绵羊圈圈针编织12cm后下针织入15cm，再织菠萝花8cm，按袖窿减针下针织入14cm；按前领减针菠萝花织入12cm；在开领前开一扣眼。绵羊圈针织法说明：用手指绕一定线拉紧，用下针编织。以上打出为左边，再对称织出右片。

2. 后片：编织方法与前片类似，不同之处为起针44针，不用开扣眼，不用开领直接收针。

3. 缝合：前片两片与后片肩部、腋下缝合，注意菠萝花连接处；在合适位置安上纽扣。

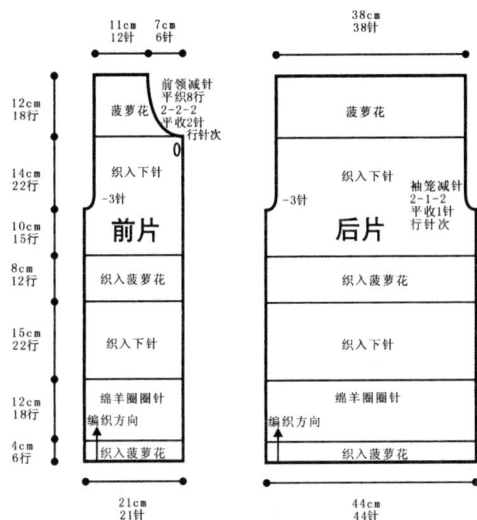

(上部结构图)

前片

尺寸	说明
11cm 12针	7cm 6针

前领减针
平织8行
2-2-2
平收2行
行针次

12cm 18行 菠萝花

14cm 22行 织入下针 -3针

10cm 15行 **前片**

8cm 12行 织入菠萝花

15cm 22行 织入下针

12cm 18行 绵羊圈圈针 编织方向

4cm 6行 织入菠萝花

21cm 21针

后片

38cm 38针

菠萝花

织入下针

袖笼减针
2-1-2
平收1针
行针次

后片 -3针

织入菠萝花

织入下针

绵羊圈圈针 编织方向

织入菠萝花

44cm 44针

菠萝花图解

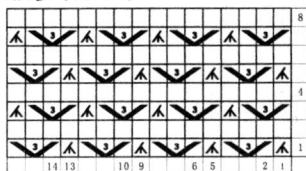

注：4行4针一个花样

14 13　　10 9　　6 5　　2 1
8　4　1

雅致交叉领装

【**成品尺寸**】衣长56cm　袖长55cm

【**工具**】11号棒针

【**材料**】白色马海毛线400g

【**密度**】10cm²：30针×45行

【**制作过程**】单股线编织，毛衣由前、后片、袖片组成。

　　1. 后片：起136针编织平针，按结构图减针收出袖窿和后领窝，挑出下摆编织花样。

　　2. 前片：起90针编织平针，按图示减针，收出前领窝、袖窿，挑出下摆编织花样并按图示减针，收出圆角。

　　3. 袖片：起79针编织平针，按结构图加针袖山减针，挑出下摆编织花样，并按图加针成喇叭袖口。

　　4. 衣领、门襟：挑织花样织成大翻领。

　　5. 缝合：沿边对应相应位置缝实。

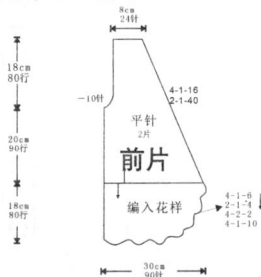

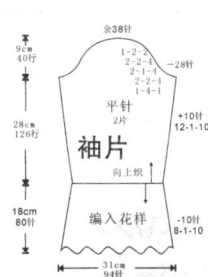

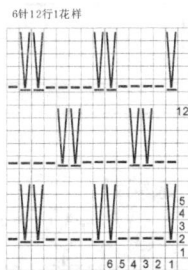

(下部结构图)

后片

8cm 24针　24cm 72针　8cm 24针
2-1-5
-10针　2-1-2 2-2-2 1-4-1
平针
后片
编入花样
45cm 136针

前片

8cm 24针
18cm 80行
20cm 90行
-10针　4-1-16 2-1-40
平针
前片
4-1-6 2-1-14 4-1-10
编入花样
18cm 80行
30cm 90针

袖片

余38针
9cm 40行
1-2-2 2-2-4 2-1-2 4-1-1 -28针
28cm 126行
平针 2片
+10针 12-1-10
袖片
向上织
18cm 80行
-10针 8-1-10
编入花样
31cm 94针

花样

6针12行1花样

12
5 4 3
1
6 5 4 3 2 1

127

【成品尺寸】衣长57cm　胸围96cm　肩宽40cm　袖长45cm

【工具】5号棒针　3mm钩针

【材料】土黄色毛线1200g

【密度】10cm²：20针×25行

【附件】100cm土黄色丝带2根

【制作过程】

　　1. 前片（左、右两片）：普通起针法起96针，按花样及前领减针织4行后开系带眼，每6针开一个，一个2针2行，往上织到17cm时按袖窿减针织出袖窿。以上打出为左片，再对称打出右片，但不用开系带眼。

　　2. 后片：编织方法与前片左片类似，但不用前领减针，不加不减往上织17cm，开袖窿还是见袖窿减针，不用开领。

3. 下摆边：普通起针法起30针，按花样不加不减织96cm后缝合。

4. 袖片（两片）：普通起针法起60针，按花样及袖下加针，袖山减针织出袖下和袖山。

5. 缝合：前片两片和后片肩部、腋下缝合；袖片袖下缝合。

6. 缘编织：在前片两片门襟处及后片后领处，按缘编织图解钩上缘编织；两片袖子袖边钩上缘编织。

7. 收尾：身片与下摆边缝合，注意交叉处缝上2根土黄色丝带；再装袖片。

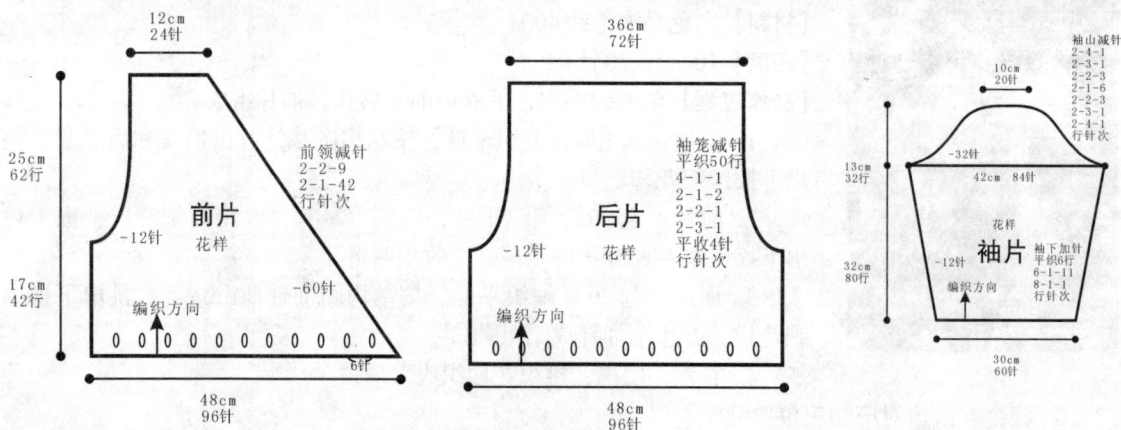

缘编织

棕色系带短装

【成品尺寸】衣长50cm

【工具】11号棒针

【材料】细毛线150g

【密度】10cm²：30针×45行

【附件】穗子若干

【制作过程】锁边起针法起360针，用2下针1上针织边，编织花样20cm后，开始按图示减针编织成一个三角形，沿边系上穗子。

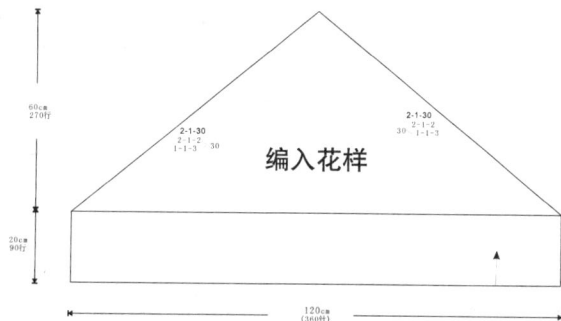

花样

编入花样

60cm
270行

2-1-30
2-1-2
1-1-3   30

2-1-30
30—1-1-2
1-1-3

20cm
90行

120cm
(360针)

5
4
3
2
1

3   2   1

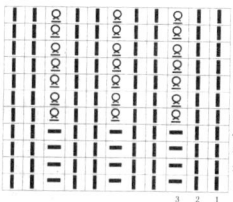

【成品尺寸】衣长46cm　　胸围88cm　　肩宽36cm　　袖长56cm

【工具】4mm棒针　　5mm钩针

【材料】咖啡色棉线500g　　同色松树纱100g

【密度】10cm²：18针×24行

【制作过程】

1. 棒针部分：后片起80针，编织花样18cm后如图所示分袖窿，织12cm后平收。

2. 袖片：起44针，编织花样并如图示加针，织21cm后收袖山。编织两片，然后与后片部分缝合。

3. 钩针部分：先钩26朵小花备用（最后一圈用松树纱钩）。然后再钩前片、后肩与下摆，钩的过程中在相应的位置拼入小花。

4. 袖口：同样的方法钩织。

5. 收尾：在前片适合的位置钩两条长绳。

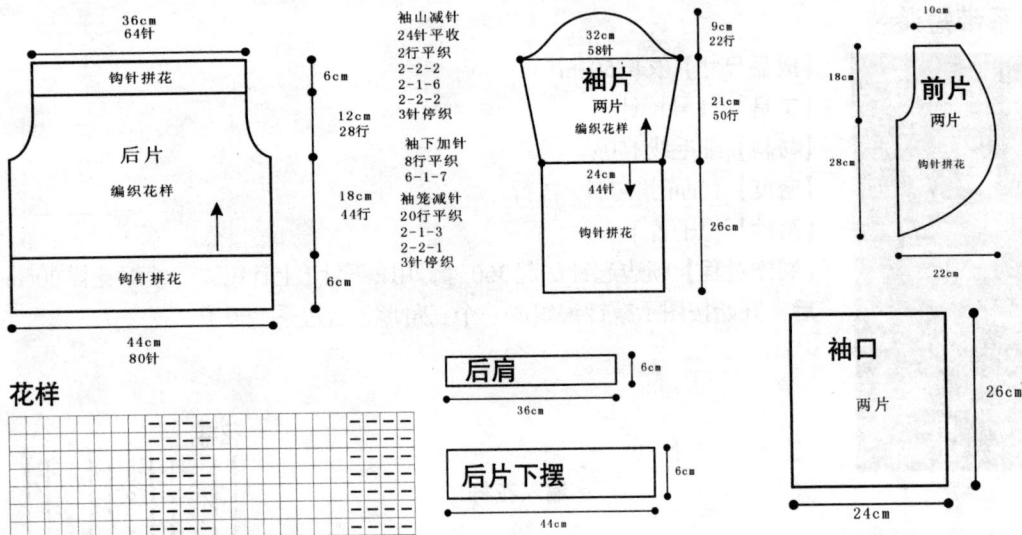

36cm
64针

钩针拼花

6cm

袖山减针
24针平收
2行平织
2-2-2
2-1-6
2-2-2
3针停织
袖下加针
8行平织
6-1-7
袖笼减针
20行平织
2-1-3
2-2-1
3针停织

32cm
58针

袖片
两片
编织花样

9cm
22行

21cm
50行

后片
编织花样

12cm
28行

18cm
44行

24cm
44针

18cm

前片
两片
钩针拼花

10cm

28cm

钩针拼花

钩针拼花

6cm

44cm
80针

6cm

26cm

22cm

花样

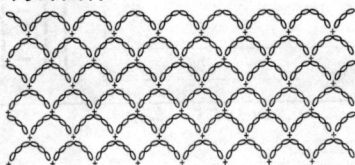

后肩

36cm

6cm

后片下摆

44cm

6cm

袖口
两片

24cm

26cm

钩针图样

小花

花边图样

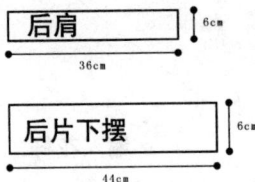

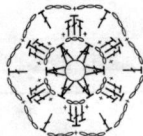

冷艳镂空短装

【成品尺寸】衣长50cm　胸围90cm　肩宽35cm

【工具】3.5mm棒针　5mm棒针

【材料】天蓝色线350g

【密度】$10cm^2$：30针×40行

【制作过程】

1. 后片：用3.5mm棒针起130针织花样，织到15.5cm处织1针，3针收并1针，重复收至65针织单罗纹，织到8.5cm处换5mm棒针织，织到26cm处止。

2. 左片：织法同后片一样，起140针，织到单罗纹就收针。

3. 右片：起170针织花样15.5cm，织1针，3针并1针，收到70针，剩下30针直接收针，不织单罗纹。

4. 缝合：三片按图标的符号缝合。缝合后清洗，熨烫。

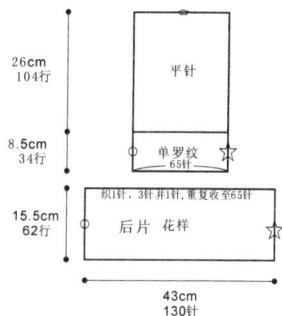

26cm
104行

平针

8.5cm
34行

单罗纹
65针

15.5cm
62行

织1针，3针并1针，重复收至65针

后片 花样

43cm
130针

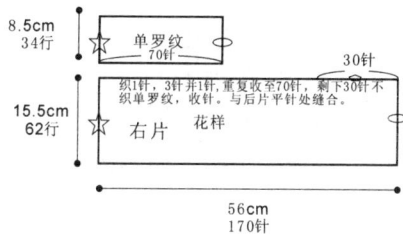

8.5cm
34行

单罗纹
70针

30针

织1针，3针并1针，重复收至70针，剩下30针不
织单罗纹，收针。与后片平针处缝合。

15.5cm
62行

右片 花样

56cm
170针

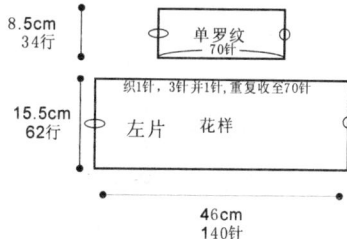

8.5cm
34行

单罗纹
70针

15.5cm
62行

织1针，3针并1针，重复收至70针

左片 花样

46cm
140针

单罗纹图解

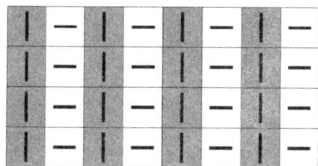

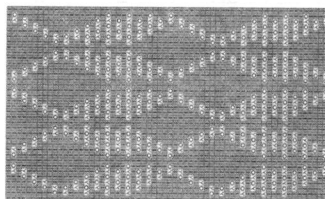

花样

【成品尺寸】衣长50cm　胸围100cm

【材料】紫色毛线200g

【工具】2mm钩针

【制作过程】从下摆起针钩10行，然后按照衣身的做法，钩前片2片和后片1片，最后钩花边的做法，钩领口10行短针为花边。

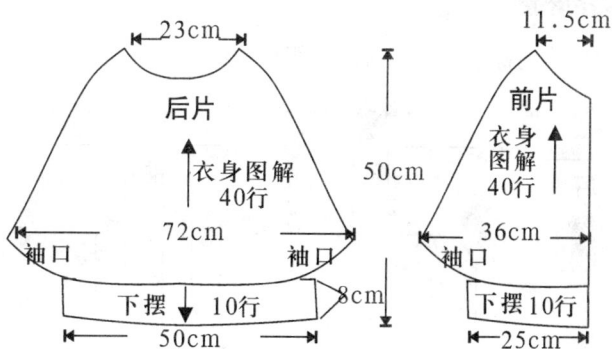

23cm

后片

衣身图解
40行

72cm

袖口　袖口

下摆　10行

50cm

50cm

8cm

11.5cm

前片

衣身
图解
40行

36cm

袖口

下摆10行

25cm

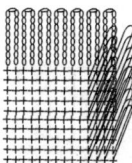

10行短针，每2针短
针之间钩17针锁针

领口的做法：

131

衣身边蝙蝠袖子图样

下摆的做法：

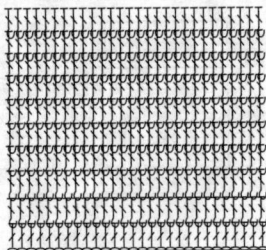

10行

俏皮花纹开衫

【成品尺寸】衣长50cm　胸围100cm

【工具】10号棒针

【材料】蓝色中粗毛线400g

【密度】10cm²：28针×32行

【制作过程】单股线编织，毛衣由前、后片组成。

1. 后片：起140针编织，编织64行时开始袖子加针，按结构图加针编织袖子，完成后领减针。

2. 前片：起18针编织花样，按结构图加针加出圆角，编织到64行时开始袖子加针，按结构图加完针后收针断线。

3. 缝合：沿边对应相应位置缝实。另起14针单罗纹编织袖边并与袖子缝实。

4. 收尾：沿领边前襟下摆，圈挑起编织单罗纹，完成整件衣服的编织。

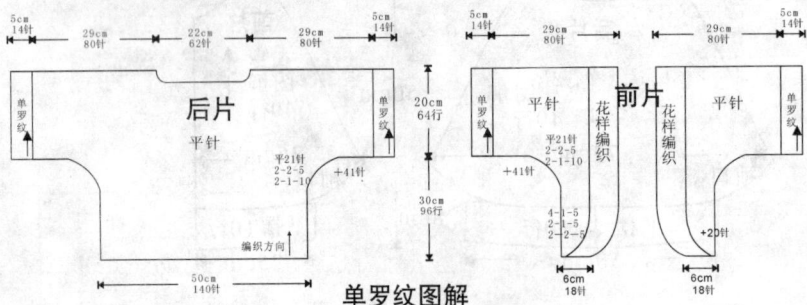

单罗纹图解

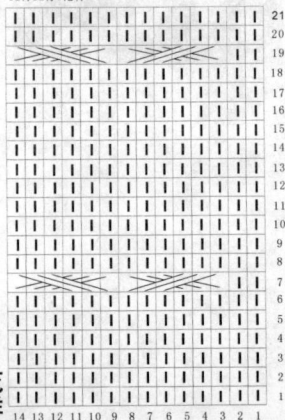

花样

132

【成品尺寸】 衣长55cm　袖长20cm

【工具】 5号棒针

【材料】 灰色毛线1000g

【密度】 10cm² : 20针×30行

【制作过程】

1. 前、后片：单罗纹起针法起120针，扭针单罗纹编织20cm后，织2cm下针，对折缝合后，挑120针按花样编织48cm，织2cm下针，对折缝合，挑120针织扭针单罗纹。图上1、2处缝合。相应右边也缝合，留出袖片连接处。

2. 袖片（两片）：单罗纹起针法起72针，扭针单罗纹编织20cm。

3. 缝合：袖片缝合，袖子与衣片袖片连接处缝合。

前片
扭针单罗纹

20cm 60行
1cm 4行
6cm 18行

后片
花样

36cm 108行

袖片连接处

6cm 18行
1cm 4行

前片
扭针单罗纹

20cm 60行

1

2

55cm 120针

袖片
扭针单罗纹
编织方向

20cm 60行

36cm 72针

单罗纹图解

扭针单罗纹图解

花样

【成品尺寸】衣长50cm　肩袖长63cm

【工具】3号棒针

【材料】军绿色毛线750g

【密度】10cm²：38针×56行

【制作过程】

1. 袖口：起112针，见木耳边形成袖口起针处，同时按袖口加针织10cm。

2. 后片：按花样编织16个花样。

3. 袖口：按花样收回112针，按袖口减针，织10cm，收尾处见木耳边形成袖口收针处。

4. 领、门襟挑针：如图共挑408针，扭针单罗纹编织，共织6cm，收尾处类似与木耳边形成袖口收针处，加一次针即可，即上针处1针挑2针。

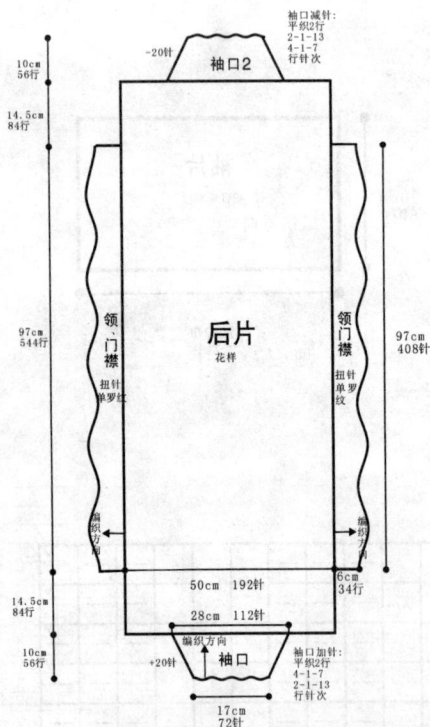

木耳边形成袖口起针处

起针：上针处比实际多4针，即袖口起针上针处因加4针，实际起针112针，6针上针5下针，共11次。开头结尾针都为上针

袖口收针处

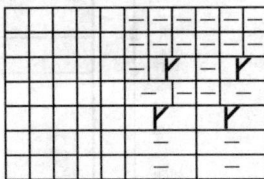

收针：上针处比实际多4针，按图解加针。收尾后，实际针数为112针。

花样

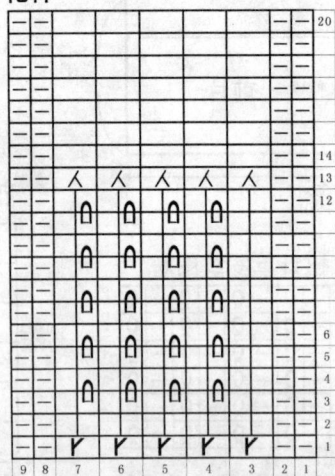

注：袖口花样同14行，即2针上针5下针。

扭针单罗纹图解

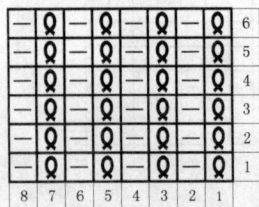

时尚个性短装

【成品尺寸】衣长55cm

【工具】7号棒针

【材料】棕色毛线670g

【密度】$10cm^2$：10针×12行

【附件】包线圆形纽扣1枚　毛绒装饰条100cm

【制作过程】

1. 身片：普通起针法起20针，花样编织25cm后按袖窿领减针及袖窿加针织70cm，不加不减织25cm。第3行第2针处开扣眼，扣眼为4行。

2. 下摆：普通起针法起22针，花样编织86cm。

3. 连接片：普通起针法起20针，按连接片减针花样（起针中间下针为14针）编织30cm。

4. 缝合：身片与下摆缝合，边接片在合适位置与身片下摆缝合，缝上毛绒装饰条，在合适位置安上包线圆形纽扣。

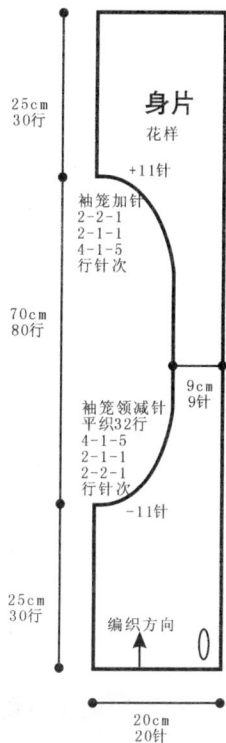

25cm
30行

身片
花样

+11针

袖笼加针
2-2-1
2-1-1
4-1-5
行针次

70cm
80行

9cm
9针

袖笼领减针
平织32行
4-1-5
2-1-1
2-2-1
行针次

−11针

25cm
30行

编织方向

20cm
20针

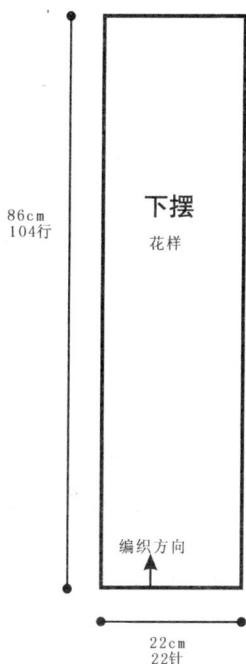

86cm
104行

下摆
花样

编织方向

22cm
22针

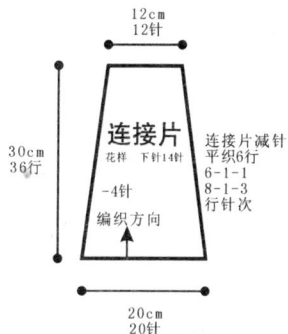

12cm
12针

30cm
36行

连接片
花样　下针14针

−4针

编织方向

连接片减针
平织6行
6-1-1
8-1-3
行针次

20cm
20针

花样

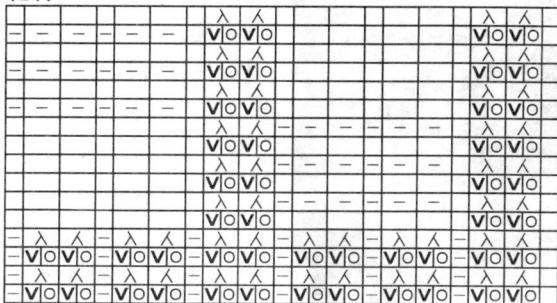

135

【成品尺寸】后衣长40cm　胸围88cm　肩宽36cm

【工具】6号棒针

【材料】棕色毛线670g

【密度】10cm²：15针×15行

【附件】包线圆形纽扣　毛绒装饰条100cm

【制作过程】

　　1. 前片（左、右两片）：按身片图解编织两片。

　　2. 后片：普通起针法起66针，花样编织，编织40cm后收针。

　　3. 整理：前片和后片肩部、腋下缝合。底边一圈缝上毛绒装饰条，并在合适位置安上包线圆形纽扣。

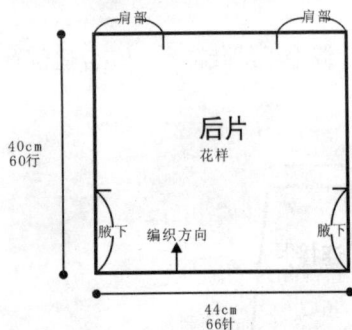

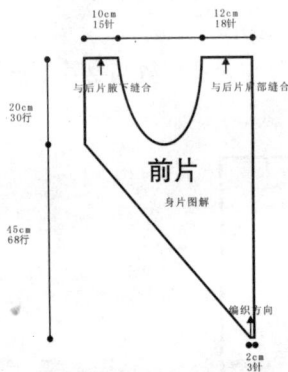

迷人镂空短装

【成品尺寸】衣长42cm

【工具】9号棒针　环形针　钩针

【材料】浅驼色棉线190g

【密度】10cm²：25针×32行

【制作过程】两股线编织，背心由中心片、单片连接而成。

　　1. 花样A：用钩针钩出中心32针，多针分别向四周放射编织，按图完成一花样针，完成后，形成20cm×20cm圆心。

　　2. 花样B：起60针，整片不加减针，连续编织花样B前、后、领片，全长共织240cm，收针断线，形成22cm×240cm长方条。

　　3. 缝合：将长方条与中心片沿片缝合，两侧留出袖笼，两头对接缝实。

花样A

起32针

花样B

20cm

编织方向

中心片
花样A

20cm

22针
60行

缝
合
线

编织方向→

花样B　编织方向→

缝
合
线

240cm

缝合示意图

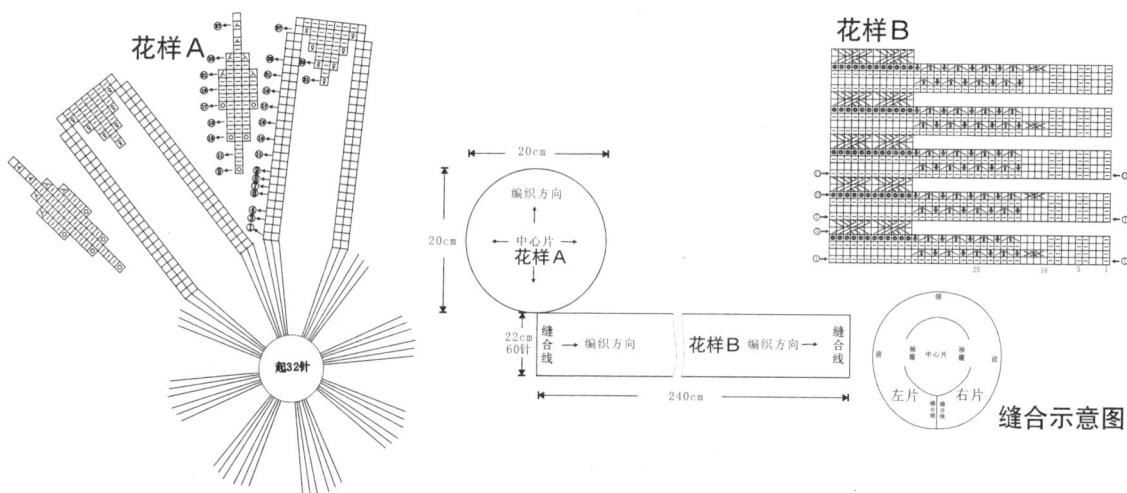

【成品尺寸】衣长59cm　袖片54cm　胸围92cm

【工具】5号棒针

【材料】驼色棉毛线270g

【密度】10cm²：10针×16行

【制作过程】两股线编织，毛衣由前、后片、袖片、衣边组成。

1. 前、后片：起46针单罗纹针，然后开始编织花样A下边及花样B后片，共编织到38cm时开始袖窿、衣领减针，按结构图减针后不加减针编织肩部，两肩部各余8cm。

2. 袖片：起26针编织花样B袖片，两侧加针编织到54cm后收针断线。同样方法完成另一袖片。

3. 缝合：沿边对应相应位置缝实。

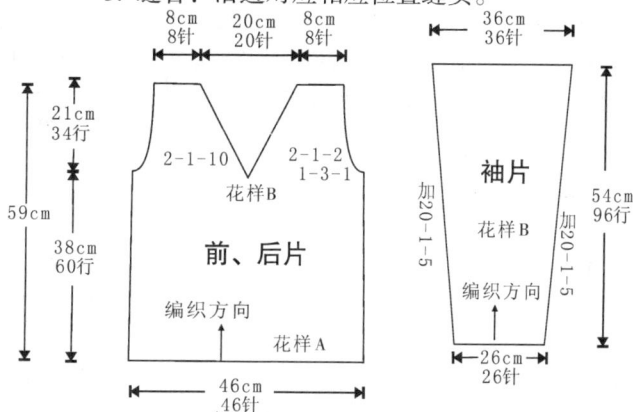

8cm
8针

20cm
20针

8cm
8针

36cm
36针

21cm
34行

2-1-10

2-1-2
1-3-1

花样B

59cm

38cm
60行

前、后片

加20-1-5

袖片

花样B

编织方向

加20-1-5

54cm
96行

编织方向

花样A

26cm
26针

46cm
46针

137

花样A

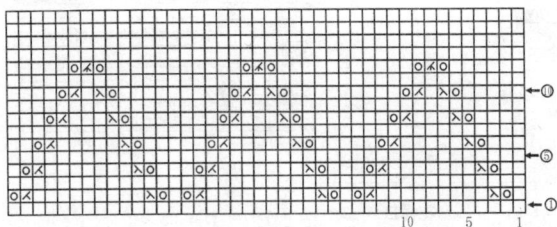

单罗纹图解

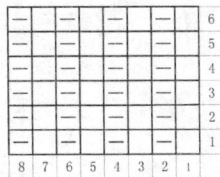

8	7	6	5	4	3	2	1

花样B

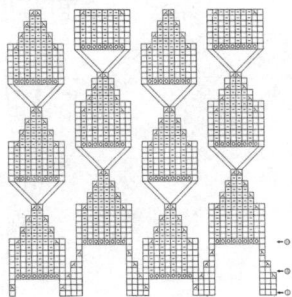

创意褶皱开衫

【成品尺寸】衣长47cm　袖长49cm　胸围88cm

【工具】8号棒针　环形针　锁边机

【材料】浅驼色马海毛线320g

【密度】10cm²：21针×25行

【制作过程】单股线编织，衣服由前片、后片、袖片、底边组成。

1. 后片：起92针，编织花样后片，编织到26cm时，开始袖窿减针，按结构图减完针后，不加减针编织到肩部，肩部各留出16针后进行后领窝减针，完成后收针断线。

2. 前片：起21针，按花样编织前片，在一侧加出圆摆，共需加25针，编织到26cm时，圆摆侧开始前衣领减针，另一侧开始袖窿减针，按结构图减完针后编织到肩部，完成后，收针断线。同样方法完成另一侧前片，两片方向相反。

3. 袖片：起54针从袖口编织花样袖片，两侧均匀加针编织到40cm后开始袖山减针，最后余下16针收针断线。再完成另一片袖片。

4. 缝合：沿边对应相应位置缝合后，另起针用环形针宽松点多些针数挑织单罗纹针衣边，织24行，共织2层，袖口边织单层边。边缘用锁边机定型。

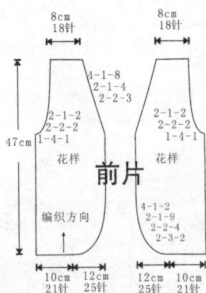

前片

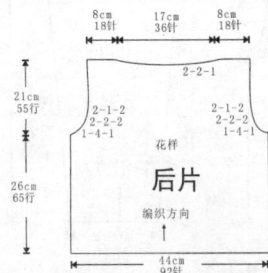

后片

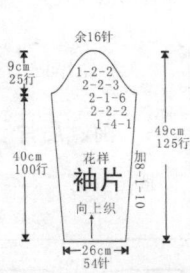

袖片

衣边

单罗纹图解

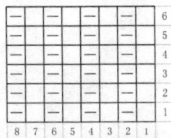

8	7	6	5	4	3	2	1

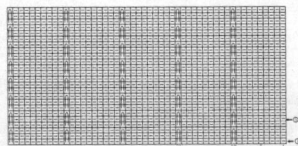

花样

【成品尺寸】衣长41cm　袖长52cm　胸围90cm

【工具】8号棒针　锁边机

【材料】蓝色交织毛线260g

【密度】10cm²：21针×24行

【制作过程】单股线编织，衣服由前片、后片、袖片、领组成。

　　1. 后片：起94针编织花样后片，编织到20cm时开始袖窿减针，按结构图减完针后不加减针编织到肩部，肩部各留出16针后进行后领窝减针，完成后收针断线。

　　2. 前片：起34针按花样编织前身片，在一侧加出圆摆，共需加14针，编织到12cm时开始前衣领减针，编织到20cm时开始袖窿减针，按结构图减完针后，不加减针编织到肩部，完成后收针断线。同样方法完成另一侧前身片，两片方向相反。

　3. 袖片：起60针从袖口编织花样袖片，按结构图所示均匀加针编织，编织42cm后开始袖山减针，按图所示减针后余18针，收针断线。同样方法再完成另一片袖片。

　4. 领：起75针编织花样领片，共织50行，收针断线，完成3片。

　5. 缝合：将前、后片、袖片沿边对应相应位置缝合，将其中2片领分别沿前领窝和衣襟边缝实，再将另一片领沿后领窝缝实，沿边锁边定型加以装饰。

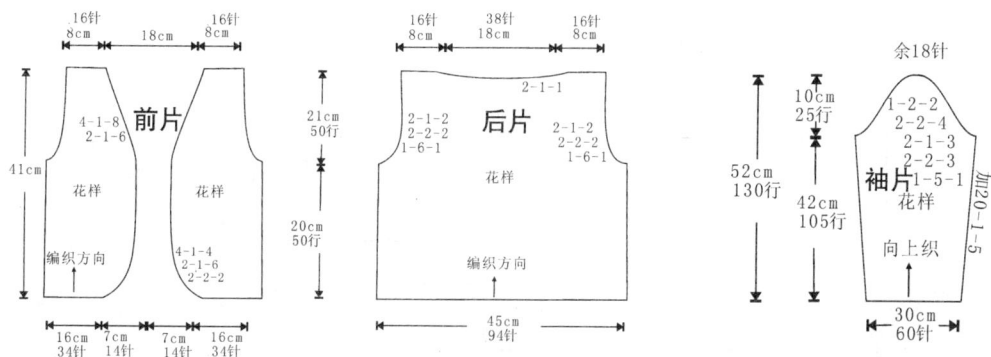

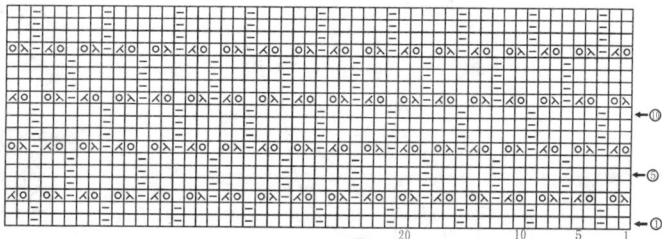

花式网眼开衫

【成品尺寸】衣长50cm　胸围90cm　肩宽36cm　袖长60cm

【工具】3mm棒针

【材料】特色麻毛线300g

【密度】10cm²：10针×12行

【制作过程】

1. 后片：起46针编织花样，织32cm后收袖窿，在离衣长5cm时收后领。

2. 前片：起10针先从下往上织，如图示进行加针，加至23针，不加不减往上织6cm，收袖窿和前领，编织两片。

3. 袖片：起32针编织花样，如图所示先进行减针，再进行加针，织48cm后收袖山，然后在下摆挑起23针，如图示减针，编织两片。

4. 领：左、右前片各挑出32针，编织花样20行。

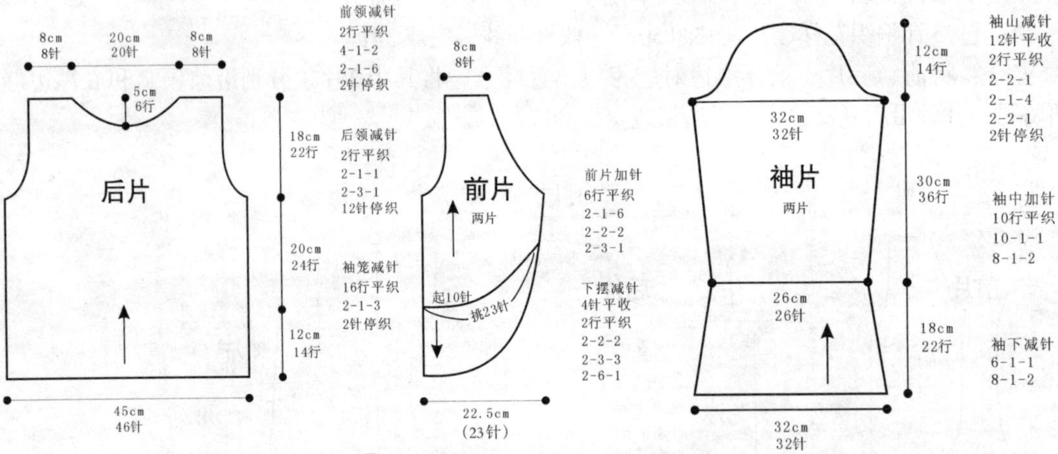

后片

| 8cm 8针 | 20cm 20针 | 8cm 8针 |

5cm 6行

18cm 22行

20cm 24针

12cm 14行

45cm 46针

前领减针
2行平织
4-1-2
2-1-6
2针停织

后领减针
2行平织
2-1-1
2-3-1
12针停织

袖笼减针
16行平织
2-1-3
2针停织

前片
两片

8cm 8针

起10针
挑23针

前片加针
6行平织
2-1-6
2-2-2
2-3-1

下摆减针
4针平织
2行平织
2-2-2
2-3-3
2-6-1

22.5cm
（23针）

袖片
两片

32cm
32针

26cm
26针

32cm
32针

12cm 14行

30cm 36行

18cm 22行

袖山减针
12针平收
2行平织
2-2-1
2-1-4
2-2-1
2针停织

袖中加针
10行平织
10-1-1
8-1-2

袖下减针
6-1-1
8-1-2

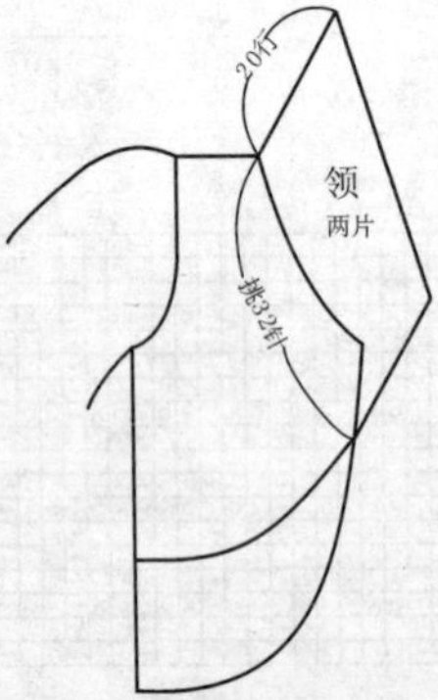

领
两片

20行

挑32针

花样

λ	O	λ	O	λ	O	λ	O	λ	O	λ	O	λ	O	λ	O
O	Y	O	Y	O	Y	O	Y	O	Y	O	Y	O	Y	O	Y
λ	O	λ	O	λ	O	λ	O	λ	O	λ	O	λ	O	λ	O
O	Y	O	Y	O	Y	O	Y	O	Y	O	Y	O	Y	O	Y

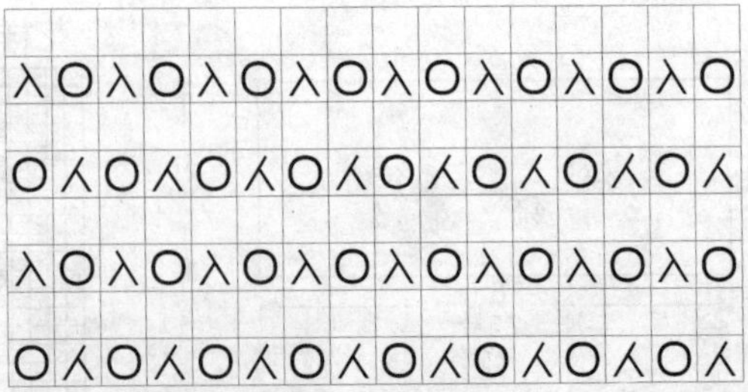

【成品尺寸】衣长40cm　袖长(含单侧肩宽)40cm

【工具】3mm棒针

【材料】浅杏色真丝棉毛线400g

【密度】10cm²：28针×40行

【制作过程】

1. 衣片：本款为一片，起196针编织花样80cm即可。

2. 缝合：如图示将a与a和b与b缝合，然后将图示中抽带部位折起2cm，缝合，里面穿上带子，抽紧打结。

3. 袖口：挑起适合的针数编织2cm单罗纹针即可。

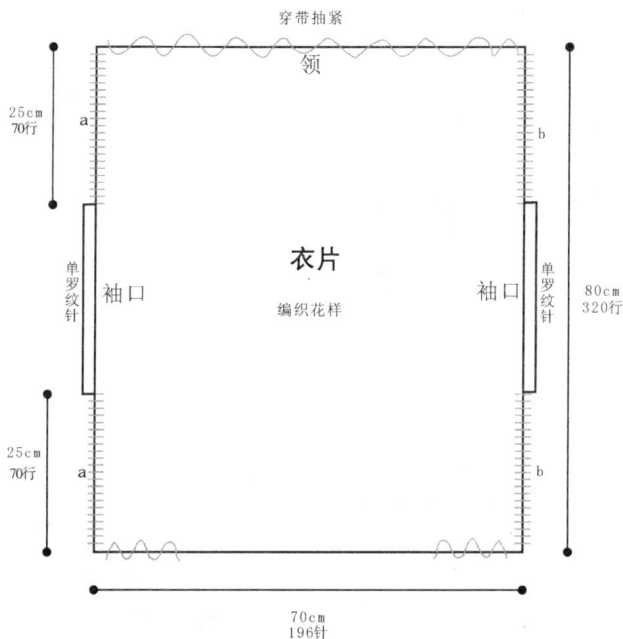

花样

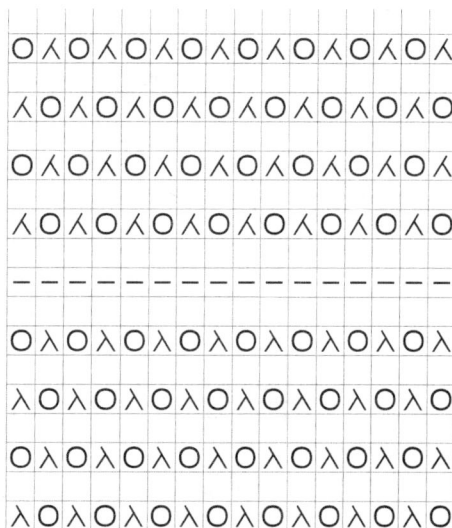

单罗纹图解

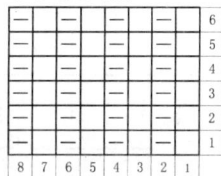

门襟、衣摆花边

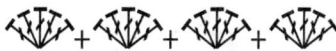

俏丽毛毛开衫

【成品尺寸】衣长50cm　胸围88cm　肩宽32cm

【工具】5mm棒针

【材料】圈圈线500g

【密度】10cm²：12针×14行

【制作过程】

　　1. 后片：起54针从下往上编织6行锁链针后，改织平针，织25cm后如图所示收袖窿，在离衣长3cm时，收后领。

　　2. 前片：起2针如图所示进行下摆加针，编织绵羊圈圈针，织12cm后开始收前领。再编织25cm后，收袖窿。编织两片。

　　3. 缝合：左、右前片门襟各挑51针，后领挑24针，编织锁链针6行。

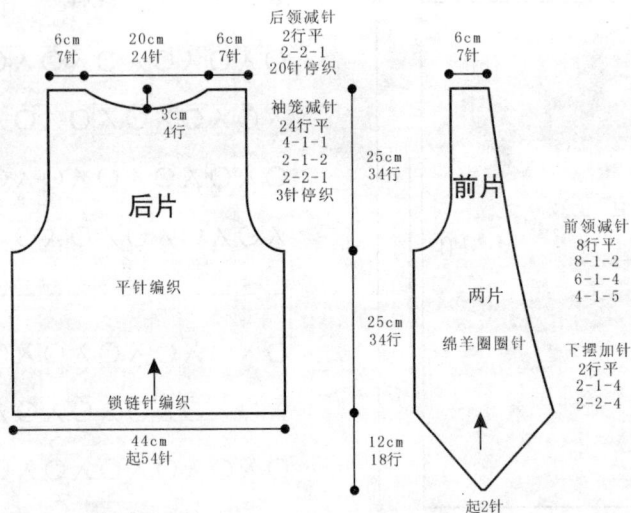

后领减针
2行平
2-2-1
20针停织

袖笼减针
24行平
4-1-1
2-1-2
2-2-1
3针停织

6cm 7针　20cm 24针　6cm 7针

3cm 4行

后片

平针编织

锁链针编织

44cm 起54针

25cm 34行

25cm 34行

12cm 18行

6cm 7针

前片

两片

绵羊圈圈针

前领减针
8行平
8-1-2
6-1-4
4-1-5

下摆加针
2行平
2-1-4
2-2-4

起2针

挑24针

挑51针　挑51针

绵羊圈圈针

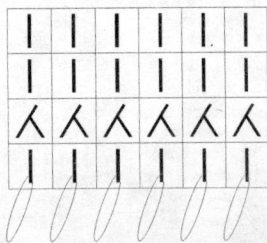

第一行:右食指绕双线织正针,然后把线套绕到正面,按此方法织第2针。
第二行：由于是双线,所以2针并1针织下针。
第三、四行：织下针,并拉紧线套。
第五行以后重复第一到第四行。

锁链针

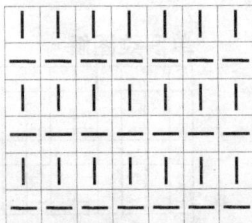

【成品尺寸】衣长56cm　胸围88cm　肩宽34cm

【工具】5mm棒针　小号钩针

【材料】粗毛线500g　宽肩带200g

【密度】10cm²：12针×14行

【附件】纽扣2枚

【制作过程】

　　1. 后片：起54针编织18cm双罗纹针，注意前10cm编织时，双罗纹针的上针部分带线要松一些，18cm后改织平针，再编织18cm后如图所示收袖隆，在离衣长3cm时收后领。

　　2. 前片：起28针和后片同样方法编织，在离衣长10cm时收前领。

　　3. 领：用宽扁带线起64针，编织绵羊圈圈针，并如图所示进行加针，织22cm后收针。

4. 缝合：将前、后片缝合，用短针的方法将领片缝在领口，并在门襟和领口边上钩一圈逆短针。

5. 收尾：按图解钩2枚纽扣，缝与领口门襟处。

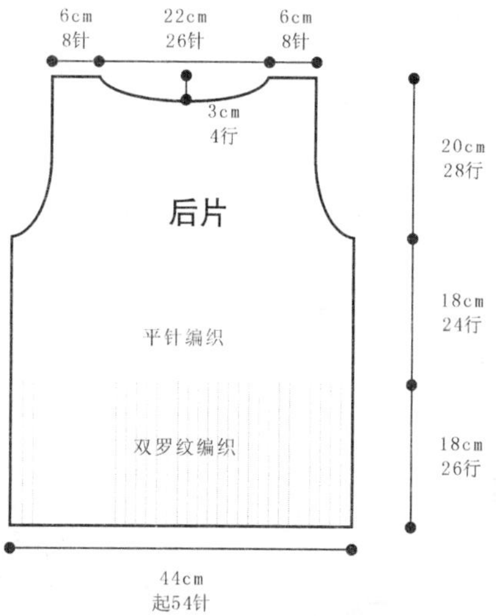

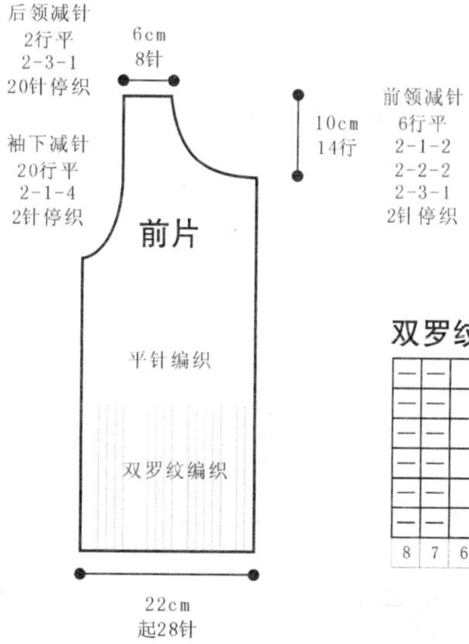

后片

6cm 8针　22cm 26针　6cm 8针

3cm 4行

20cm 28行

平针编织

双罗纹编织

18cm 24行

18cm 26行

44cm 起54针

前片

后领减针 2行平 2-3-1 20针停织

6cm 8针

袖下减针 20行平 2-1-4 2针停织

10cm 14行

前领减针 6行平 2-1-2 2-2-2 2-3-1 2针停织

平针编织

双罗纹编织

22cm 起28针

纽扣

领

100cm 120针

绵羊圈圈针

54cm 起64针

领片加针 2行平 2-2-14

22cm 30行

双罗纹图解

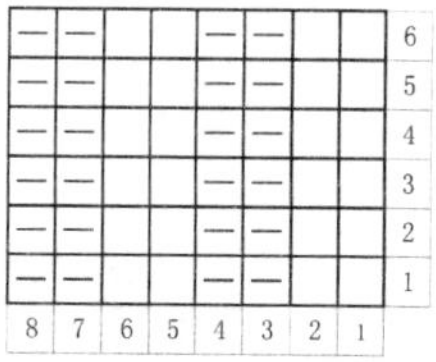

								6
								5
								4
								3
								2
								1

8 7 6 5 4 3 2 1

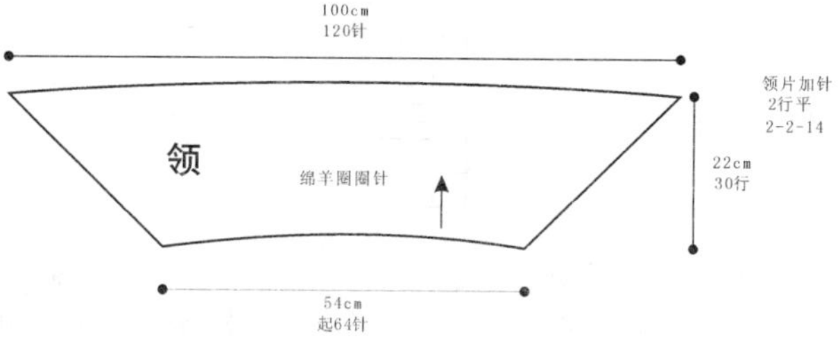

绵羊圈圈针

143

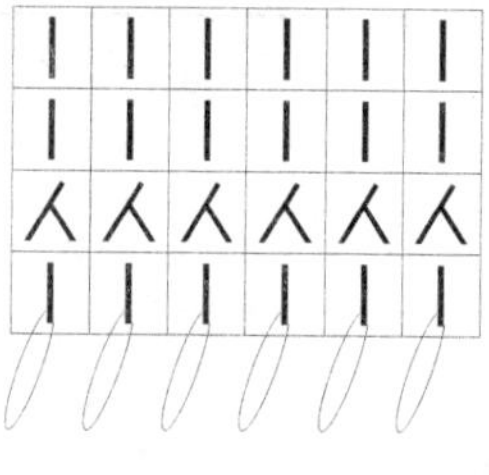

成熟系带短装

【成品尺寸】衣长43cm　胸围90cm　袖长16cm

【工具】13号棒针

【材料】黑色细毛线500g

【密度】10cm²：39针×45行

【附件】纽扣4枚

【制作过程】单股线编织，毛衣由前片、后片、袖片、衣襟、腰带装饰组成。

　　1. 后片：起176针编织平针，编织到25cm时开始袖窿减针，按结构图减完针后不加减针编织到肩部。

　　2. 前片：起20针编织平针，按结构图加针加出圆角，编织到25cm时进行袖窿减针，按结构图减完针后，收针断线。

　　3. 袖片：起针从袖口起116针编织双罗纹，按结构图所示均匀加针，编织7cm后开始袖山减针，按图所示减针后余92针，断线。同样方法再完成另一片袖片。

　　4. 缝合：沿边对应相应位置缝实，袖山处打折缝合。

　　5. 衣襟：另起针80针双罗纹，编织长方片沿衣襟边、领边、衣底边缝实。

　　6. 腰带装饰：起针34针双罗纹编织长条作腰带装饰，用4枚纽扣固定在腰间。

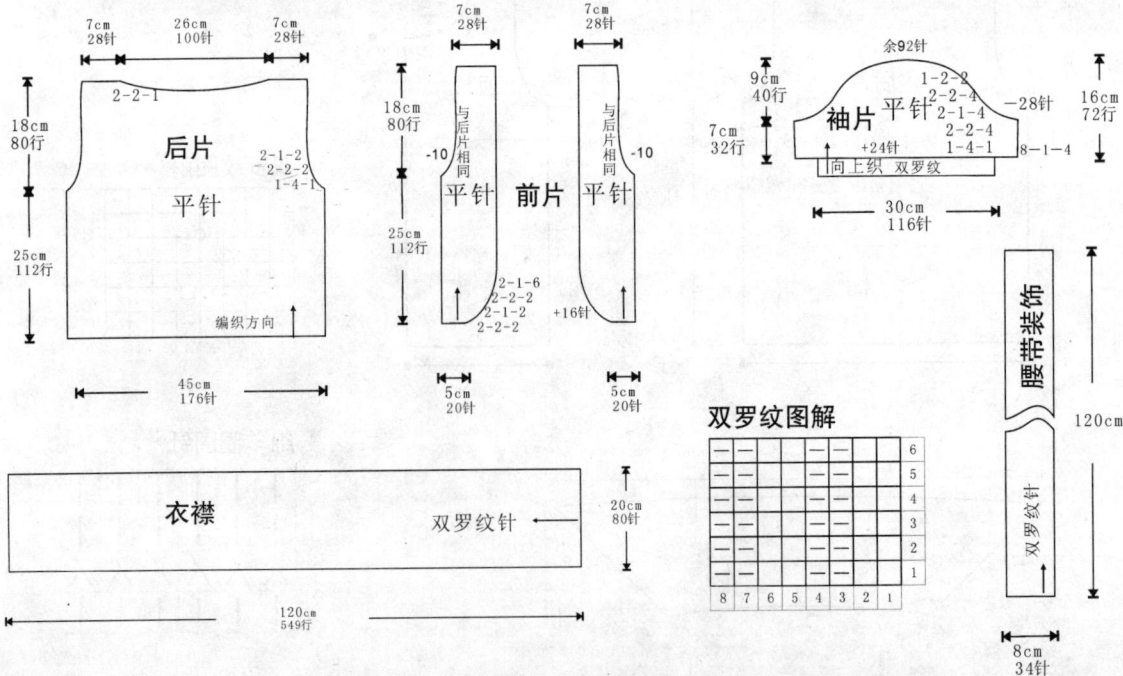

后片
7cm 28针　26cm 100针　7cm 28针
18cm 80行
2-2-1
平针
2-1-2 2-2-2 1-4-1
25cm 112行
编织方向
45cm 176针

前片
7cm 28针　7cm 28针
18cm 80行　与后片相同　-10
平针　前片　平针
25cm 112行
2-1-6 2-2-2 2-1-2 2-2-2　+16针
5cm 20针　5cm 20针

袖片
9cm 40行　余92针
7cm 32针
袖片　平针
1-2-2 2-2-4 2-2-4 1-4-1　-28针
16cm 72行
8-1-4
+24针　向上织　双罗纹
30cm 116针

衣襟
衣襟
双罗纹针
120cm 549行
20cm 80针

双罗纹图解
双罗纹图解

6 5 4 3 2 1
8 7 6 5 4 3 2 1

腰带装饰
腰带装饰
双罗纹针
120cm
8cm 34针

144

【成品尺寸】衣长42cm　胸围92cm　袖长(含单侧肩宽)18cm

【工具】4.5mm棒针

【材料】黑色棉毛线400g

【密度】10cm²：20针×26行

【制作过程】1. 前、后片：起100针编织花样37cm后，中间平收40针，两端继续编织37cm平收。

2. 长条：编织一条宽5cm，长174cm的长条，全平针，待用。

3. 缝合：按图示将a和a，b和b缝合，然后将那一长条沿着领、门襟、下摆一圈缝合。编织一条细绳，从腰间穿过即可。

说明：花样中放开那针是指编织到一定的长度后，把针放开，让线套退到底即可。

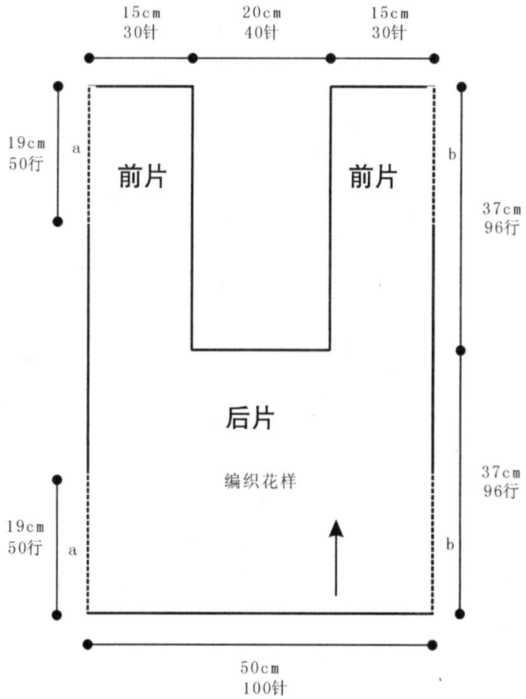

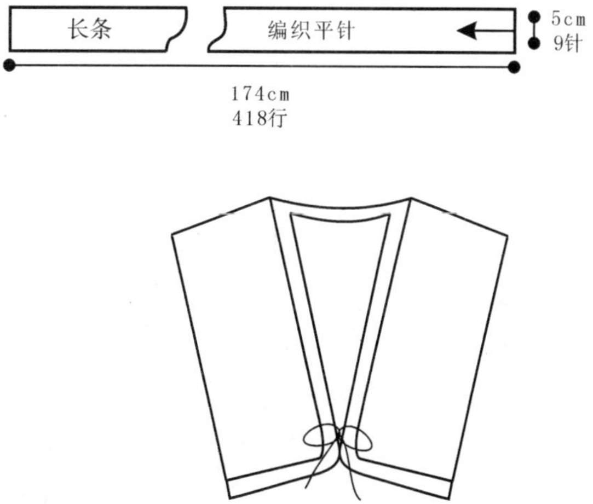

15cm 30针　20cm 40针　15cm 30针

19cm 50行　a

前片　前片

b　37cm 96行

后片

编织花样

19cm 50行　a

b　37cm 96行

50cm 100针

长条　编织平针　5cm 9针

174cm 418行

花样

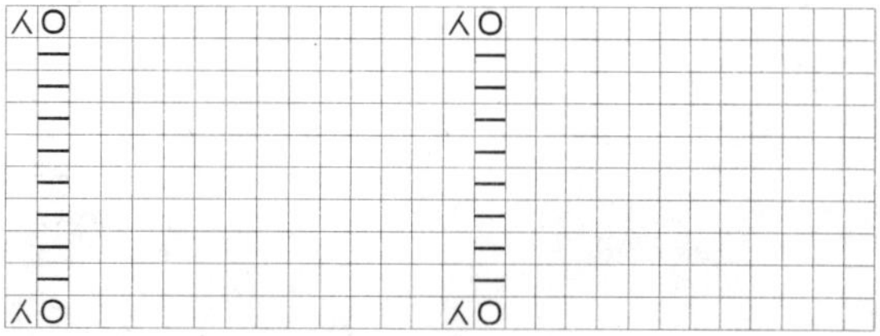

深V短款开衫

【成品尺寸】衣长42cm　胸围88cm　袖长（含单侧肩宽）18cm

【工具】4.5mm棒针

【材料】深灰色棉毛线400g

【密度】10cm²：18针×24行

【附件】黑色兔毛围巾1条

【制作过程】

1. 本件衣服是由一个"凹"形组成。

2. 起90针，编织花样37cm后，中间平收36针，两端继续编织37cm，平收。

3. 编织一条宽5cm，长174cm的长条，全平针，待用。

4. 缝合：按图示将a和a，b和b缝合，然后将那一长条围着领、门襟、下摆一圈缝合。

5. 编织一条细绳，从腰间穿过打结，并把兔毛围巾搭在领上。

6. 注意，花样中放开那针是指编织到一定的长度后，把针放开，让线套退到底即可。

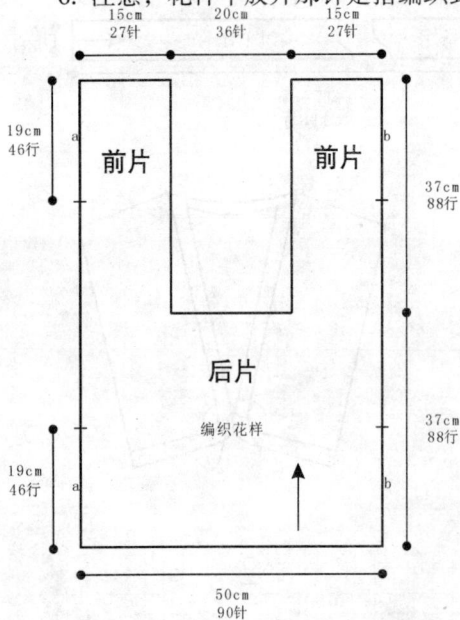

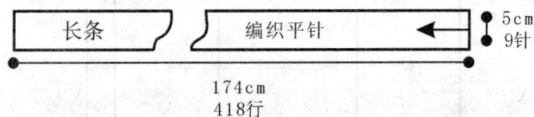

花样

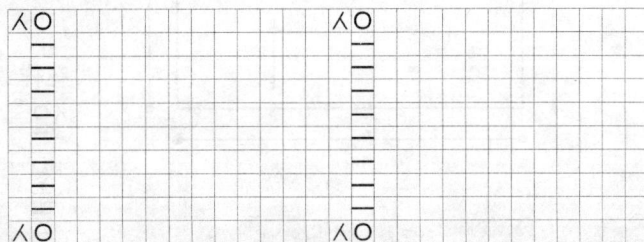

【成品尺寸】衣长40cm　胸围88cm　袖长44cm

【工具】4.5mm棒针

【材料】黑色棉毛线400g

【密度】10cm²：20针×24行

【制作过程】

　　1. 从后背正中开始起8针，并以此为加针点，隔一行在每针的旁边加1针。织12行后，编织花样A中的交叉针，然后继续编织。织16行后，再编织一次交叉针，继续编织，并在适合的地方，如图示取第1份和第4份平留针，为袖窿口平加针后继续织。第二圈交叉针后隔8针再编织一圈交叉针，14行后编织花样B，编织适合的长度后，改织6行双罗纹针。

　　2. 袖子在袖底处挑出37针，与平留的19针合成56针，横向织到袖口，12行减一针共减8针，袖口为40针，编织6行双罗纹针。

花样A

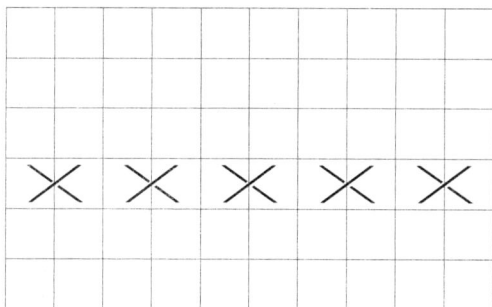

花样B

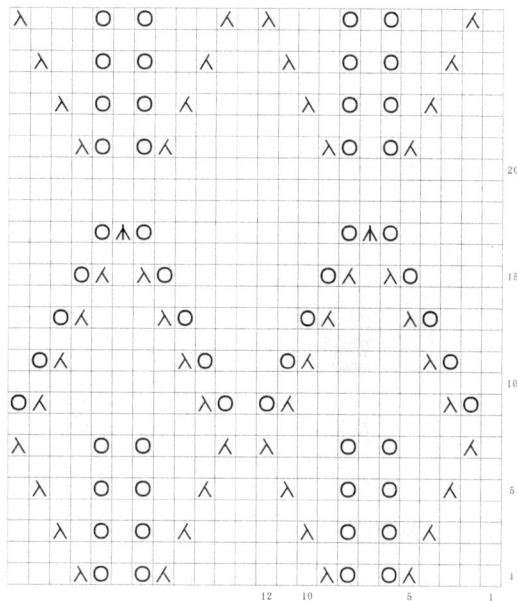

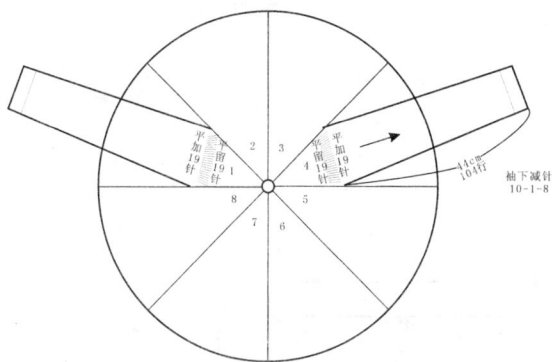

连体印花衫

【成品尺寸】衣长80cm　胸围90cm　袖长（含单侧肩宽）20cm

【工具】2.25mm棒针

【材料】红色兔毛线500g　白色兔毛线100g

【密度】10cm²：36针×50行

【制作过程】

　　1. 后片：起194针采用提花编织，注意花形错开，按图所示进行腰下减针，织63cm后收袖窿。

　　2. 前片：起194针采用提花编织，注意花形错开，按图所示进行腰下减针，织63cm后收袖窿，在离衣长4cm时收前领。

　　3. 袖片：起116针编织12行单罗纹后，采用提花编织，注意花型错开，织8行后开始按图所示收袖山，编织两片。

4. 缝合：将前片、后片、袖片进行缝合。

5. 领：挑160针编织机器边，注意胸前留口，穿入一根编织好的带子，再将带子两头各装一个小球。

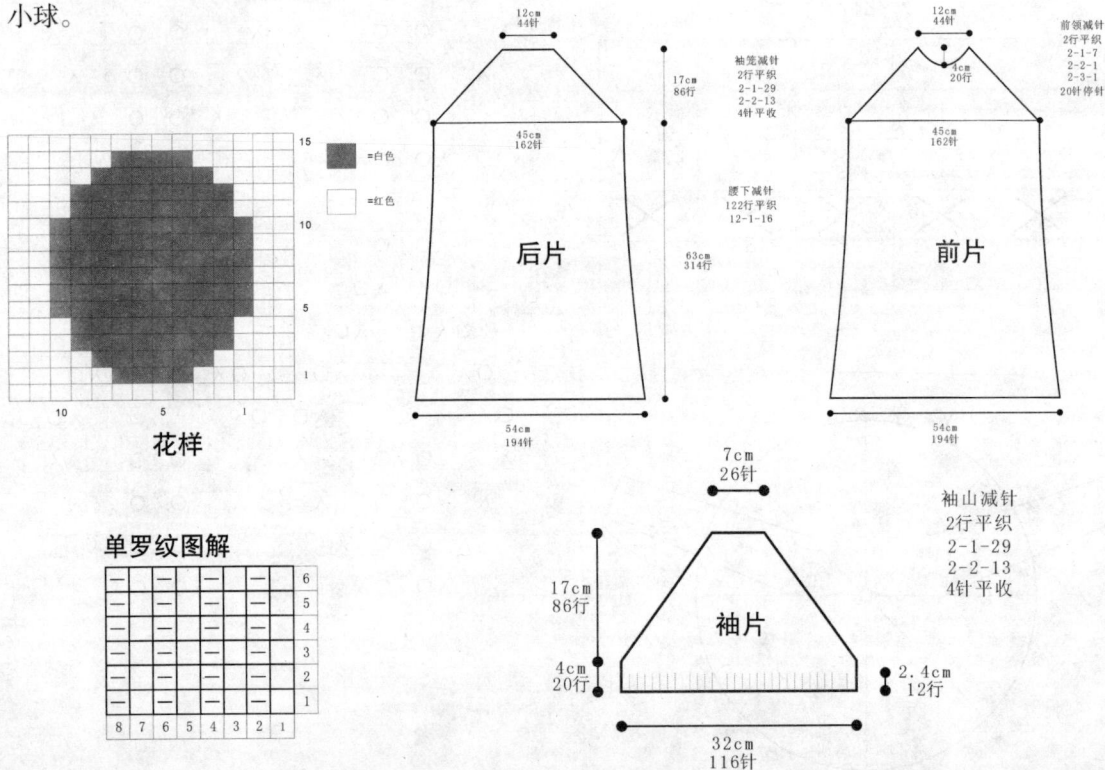

□=白色
□=红色

花样

单罗纹图解

后片

12cm
44针

17cm
86行

45cm
162针

袖笼减针
2行平织
2-1-29
2-2-13
4针平收

腰下减针
122针平织
12-1-16

63cm
314行

54cm
194针

前片

12cm
44针

前领减针
2行平织
2-1-7
2-2-1
2-3-1
20针停针

4cm
20行

45cm
162针

54cm
194针

袖片

7cm
26针

17cm
86行

4cm
20行

32cm
116针

2.4cm
12行

袖山减针
2行平织
2-1-29
2-2-13
4针平收

【成品尺寸】衣长80cm　胸围90cm　肩宽32cm

【工具】2.5mm棒针

【材料】西瓜红丝棉线400g　黑色丝棉线30g

【密度】10cm²：36针×44行

【附件】铜纽扣4枚

【制作过程】

1. 后片：起162针编织平针，织34cm后如图所示收腰线，织18cm后平收。

2. 前片：分3片完成。左右两片起54针，织34cm后，如图所示收腰线，织18行后平收；中间一片起54针，如图所示编织花样，均匀的安排10只小猪，不加不减编织52cm。再编织两片假口袋装饰，并安装在相应位置（口袋上钉铜纽扣），将3片缝合。

3. 上半截：起116针单罗纹编织44行后收针，织2片。然后和下半截连接，注意在连接时，在相应位置均匀地打2个折子。

4. 肩带：起22针编织160行后收针，织2片，并与前后片缝合。

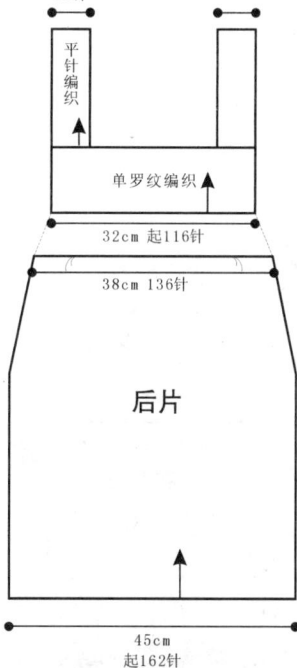

6cm
22针

平针编织

单罗纹编织

32cm 起116针

38cm 136针

后片

45cm
起162针

18cm
80行

10cm
44行

18cm
80行

腰线减针
4行平
4-1-1
6-1-12

34cm
150行

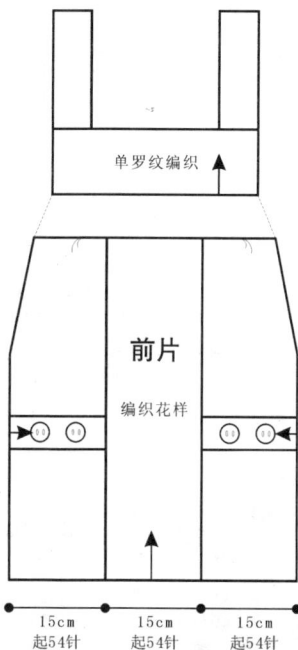

单罗纹编织

前片

编织花样

15cm
起54针　　15cm
起54针　　15cm
起54针

花样

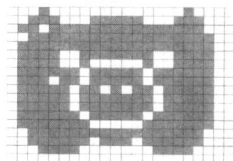

□ 西瓜红
■ 黑色

口袋装饰

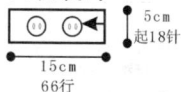

5cm
起18针

15cm
66行

单罗纹图解

								6
								5
								4
								3
								2
								1
8	7	6	5	4	3	2	1	

惊艳花式镂空衫

【成品尺寸】衣长54cm　胸围86cm　肩宽34cm　袖长24cm

【工具】3.25mm棒针　2.5mm钩针

【材料】红色毛线300g

【密度】10cm²：28针×36行

【制作过程】

　　1. 后片：用3.25mm棒针起120针，从下往上织下针，织到34cm处开挂肩，按图解编织。

　　2. 前片：分左、右2片编织。起35针，右边按图解放针，织到14cm处停，前右片起35针，左边按图解放针，织到14cm处与前左片连起来一起织，两边还是往上织下针，中间织花样A，织到20cm处开挂肩，按图解编织。

　　3. 袖片：起78针，按花样B编织，挂肩减针等按图解编织。

4. 花朵和叶子用2.5mm的钩针按图解编织花朵和叶子，用网格连起来，与前片三角处用网格连接。

5. 带子按图编织，织到所需长度。

6. 缝合：前后片、袖片缝合后，带子穿插上。

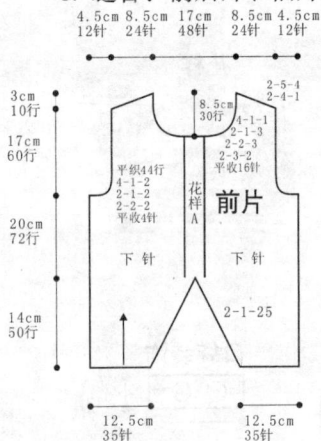

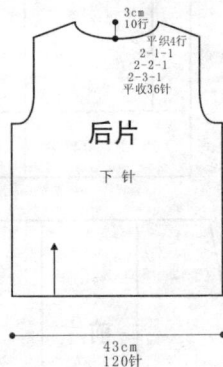

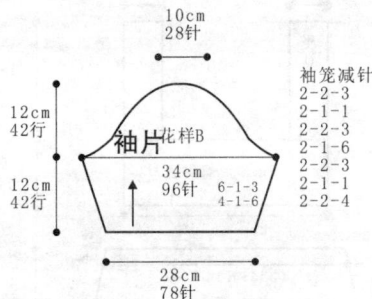

衣边、袖口、领口花样

叶子

花朵

12cm

带子的织法

花样A

花样B

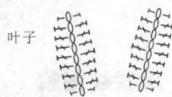

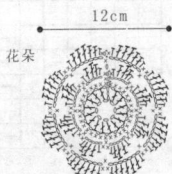

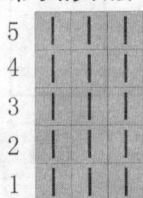

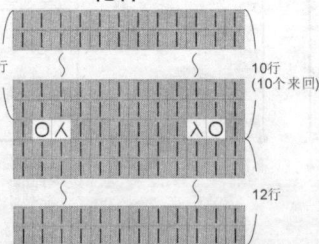

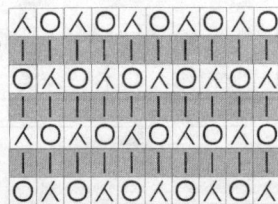

【成品尺寸】衣长54cm　胸围84cm　肩宽38cm　袖长58cm　领围54cm

【工具】5号棒针　2mm钩针

【材料】红色马海毛线950g

【密度】10cm²：21针×29行

【制作过程】

1. 前片：双罗纹针起针法起90针，双罗纹针织2cm，花样A织15cm，花样B织23cm后两边各平收4针，然后按前袖窿减针（小燕子减针法）织4cm，花样C编织8cm后按前领减针织出前领。

2. 后片：编织方法与前片类似，不同之处为都为花样B编织，开袖窿见袖窿减针，不用开领。

3. 袖片（两片）：双罗纹针起针法起54针，双罗纹针织2cm，按袖下加针，花样A织8cm后花样B织34cm两边各平收4针，按袖山减针（小燕子减针法）织4cm花样B后花样C织10cm。

4. 缝合：将前片、后片腋下缝合，袖片、袖下缝合，身片袖窿与袖片、袖山缝合，注意平整。

5. 领：用钩针短针挑前片、后片、领，各钩织42针、42针、20针。

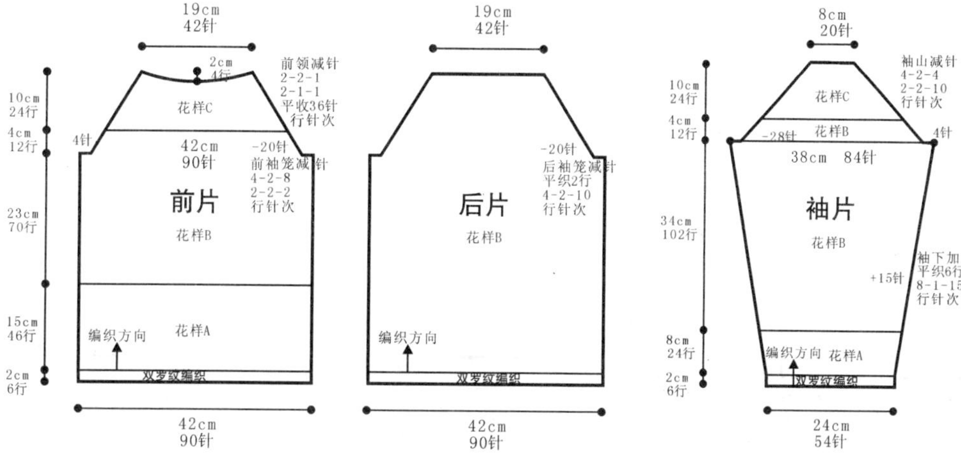

前片

19cm 42针
2cm 4行
花样C
前领减针
2-2-1
2-1-1
平收36针
行针次
10cm 24行
4cm 12行
4针
42针 90针
-20针
前袖笼减针
4-2-8
2-2-2
行针次
23cm 70行
花样B
15cm 46行
花样A
编织方向
2cm 6行
双罗纹编织
42cm 90针

后片

19cm 42针
花样B
-20针
后袖笼减针
4-2-8
平织2行
4-2-10
行针次
花样B
编织方向
双罗纹编织
42cm 90针

袖片

8cm 20针
袖山减针
4-2-4
2-2-10
行针次
10cm 24行
花样C
4cm 12行
-28针 花样B
4针
38cm 84针
34cm 102行
花样B
袖下加针
+15针 平织6行
8-1-15
行针次
8cm 24行
编织方向 花样A
2cm 6行
双罗纹编织
24cm 54针

双罗纹图解

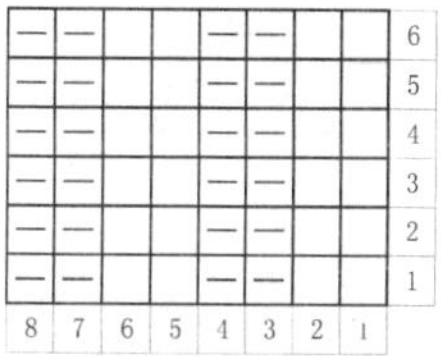

小燕子减针法

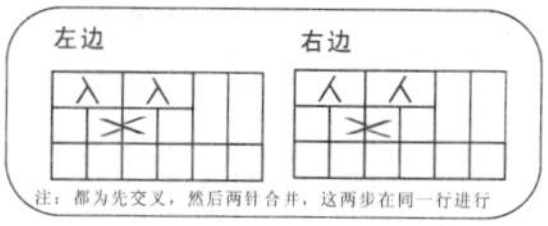

左边　右边

注：都为先交叉，然后两针合并，这两步在同一行进行

花样A

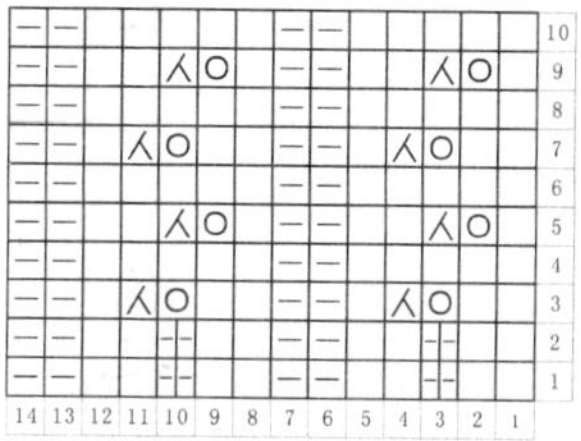

花样C

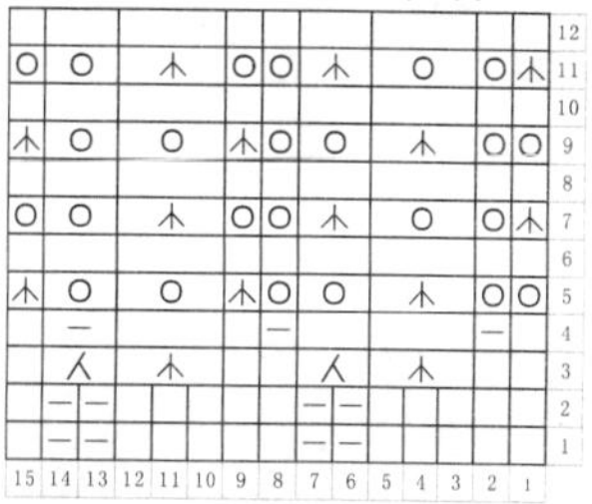

注：花样B同花样C第1、2行；3、4行为花样B与花样C连接行，减针如图

151

【成品尺寸】衣长56cm　胸围88cm　领围50cm

【工具】6号棒针　7号棒针　8号棒针

【材料】红色、橙色毛线各300g　黑色毛线10g

【密度】10cm²：17针×15行

【制作过程】

　　1. 前片：用6号棒针编织，单罗纹针起26针，织3cm后下针，编织17cm后加51针（如图），织8cm后按前领减针和前领加针织出前领，同时在领织到14cm时换红色毛线编织，开领后织8cm平收51针；继续织17cm后，用单罗纹针织3cm后收针。刺绣：看刺绣上、下图解。下摆挑76针，单罗纹编织。（见图解）

　　2. 后片：编织方法与前片类似，不同之处为开领后织减针及后领加针。

　3. 缝合：前后片肩部、腋下缝合领：前领和后领各挑60针和46针，用6号棒针织入下针6cm后换7号棒针织2cm，再换8号棒针织2cm，后打4cm翻折并缝合，往外翻。

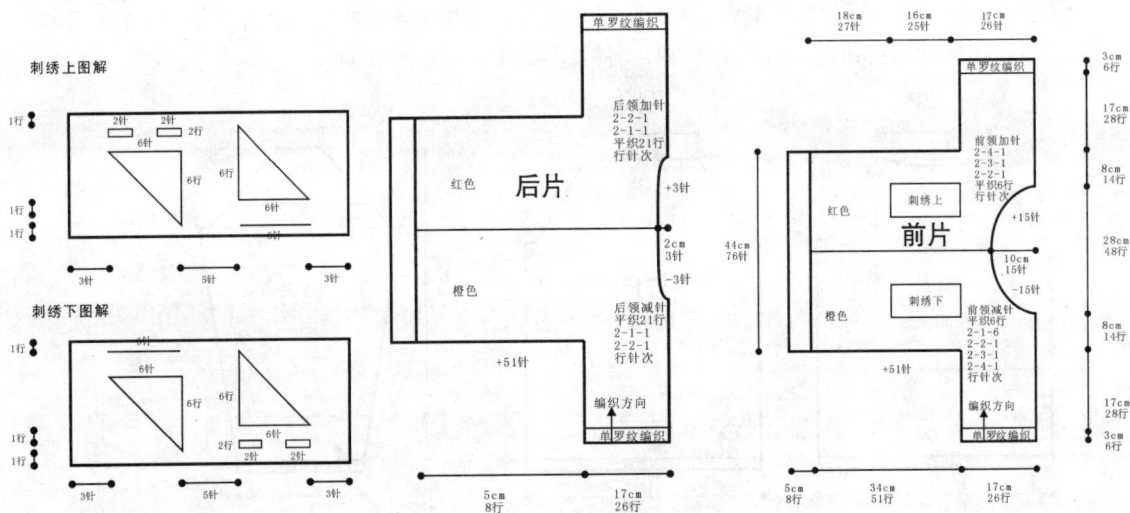

刺绣上图解

2针　2针
1行
2行
6针
6针
6针
6针
1行
1行
3针　5针　3针

刺绣下图解

6针
6针
6针
1行
6针
2行
2针　2针
1行
3针　5针　3针

单罗纹编织

后领加针
2-2-1
2-1-1
平织21行
行针次

红色　后片　+3针

2cm
3行
-3针

橙色

后领减针
平织21行
2-1-1
2-2-1
行针次

+51针

编织方向
单罗纹编织

5cm
8行
17cm
26行

44cm
76针

单罗纹编织

18cm　16cm　17cm
27针　25针　26针

3cm
6行

17cm
28行

前领加针
2-4-1
2-3-1
2-2-1
平织6行
行针次

红色　刺绣上　前片　+15针

8cm
14行

10cm
15针

28cm
48行

橙色　刺绣下

前领减针
平织6行
2-1-6
2-2-1
2-3-1
2-4-1
行针次

-15针

8cm
14行

+51针

编织方向
单罗纹编织

17cm
28行

3cm
6行

5cm　34cm　17cm
8行　51针　26行

单罗纹图解

8	7	6	5	4	3	2	1
—		—		—		—		6
—		—		—		—		5
—		—		—		—		4
—		—		—		—		3
—		—		—		—		2
—		—		—		—		1

橙色竖纹短装

【成品尺寸】衣长69cm　袖长13cm　胸围90cm

【工具】13号棒针

【材料】橘红色中细棉毛线

【密度】$10cm^2$：34针×42行

【制作过程】单股线编织，毛衣由前、后片、袖片组成。

1. 后片：起152针双罗纹针边后编织花样，编织40cm后开始袖窿、后领减针，按结构图减针断线。

2. 前片：起152针双罗纹针织边后编织花样，编织到40cm时开始袖窿减针、前领窝减针，按结构图减完针后收针断线。

3. 袖片：从袖口起94针编织双罗纹针10行编织花样，编织6行花样后开始袖山减针，按图所示减针后余48针，断线，同样方法再完成另一片袖片。按图示颜色换线编织。

4. 缝合：沿边对应相应位置缝实。整理：领口沿后片领肩袖挑起编织双罗纹。

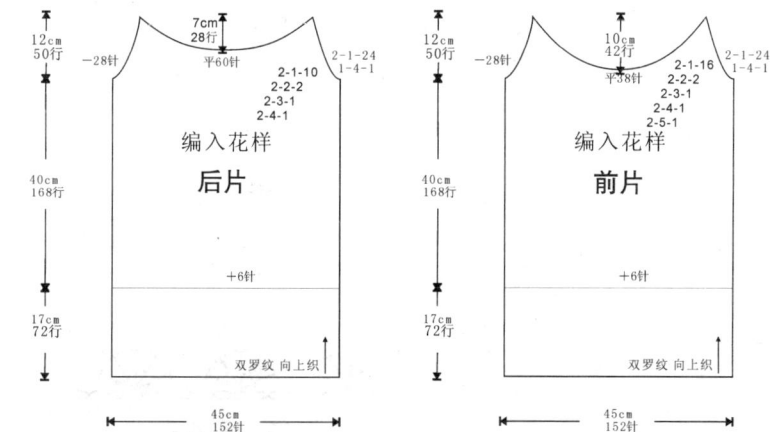

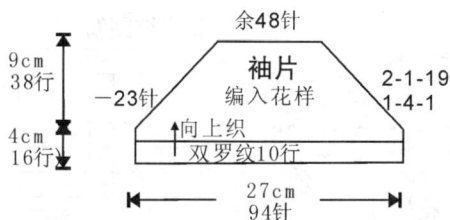

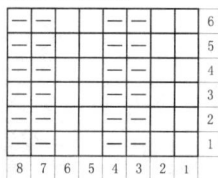

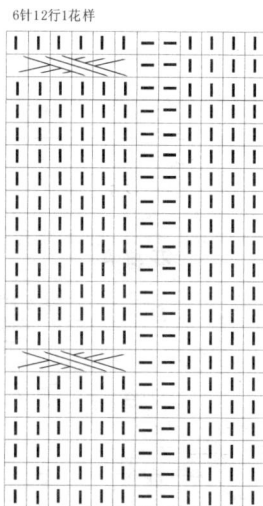

【成品尺寸】衣长55cm　胸围90cm　袖长50cm

【工具】10号棒针　2.5mm钩针

【材料】橘色中粗棉毛线500g

【密度】10cm²：27针×40行

【制作过程】单股线编织，毛衣由前、后片、袖片组成。

　　1. 后片：起120针编织双罗纹，按图示减针加针收出腰身、袖窿、前圆肩。

　　2. 前片：与后片相同织法。

　　3. 袖片：从袖口起84针编织花样A，按结构图所示均匀减针、加针，编织43cm后开始袖山减针，断线。同样方法再完成另一片袖片，袖边用钩针钩花边。

4. 缝合：沿边对应相应位置缝实，用钩针钩织花样B。

5. 领：在花样B上挑起编织双罗纹高翻领。

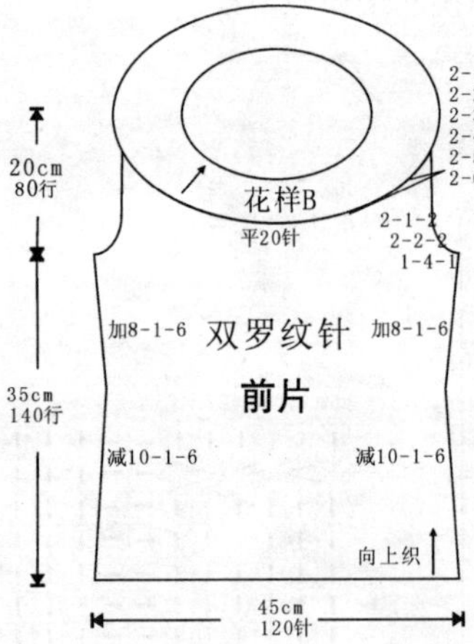

花样B

平20针

20cm
80行

35cm
140行

2-1-1
2-2-2
2-3-1
2-4-1
2-5-1
2-6-1

2-1-2
2-2-2
1-4-1

加8-1-6　双罗纹针　加8-1-6
前片

减10-1-6　　　　减10-1-6

向上织

45cm
120针

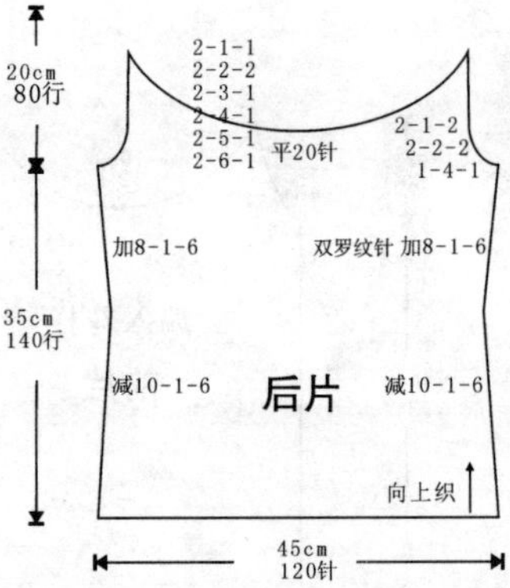

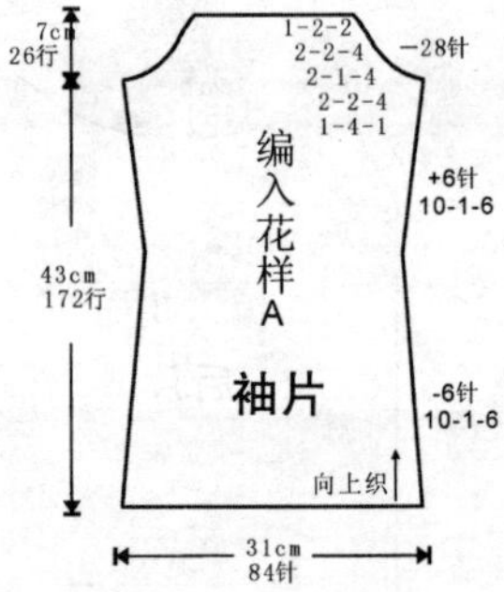

20cm
80行

2-1-1
2-2-2
2-3-1
2-4-1
2-5-1
2-6-1

2-1-2
2-2-2
1-4-1

双罗纹针 加8-1-6
后片

减10-1-6　　减10-1-6

向上织

35cm
140行

45cm
120针

7cm
26行

1-2-2
2-2-4
2-1-4
2-2-2
1-4-1

-28针

编入花样A
袖片

+6针
10-1-6

-6针
10-1-6

向上织

43cm
172行

31cm
84针

花样A

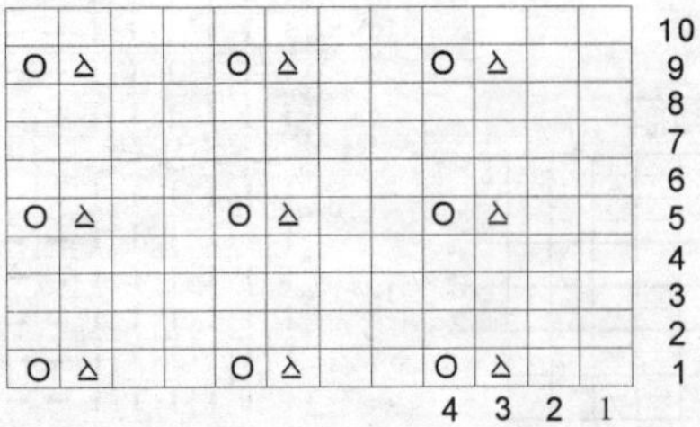

10
9
8
7
6
5
4
3
2
1

4 3 2 1

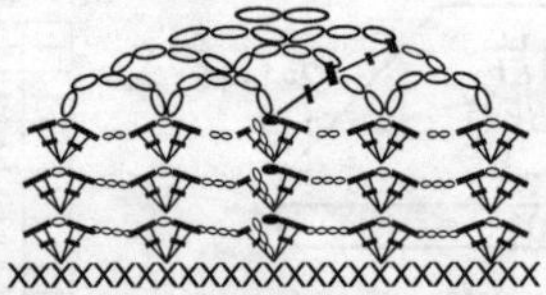

袖子花边图样

双罗纹图解

6
5
4
3
2
1

8 7 6 5 4 3 2 1

花样B

154

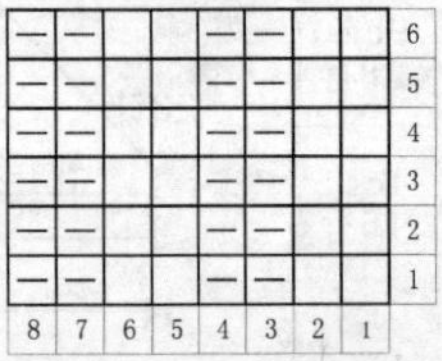

别致网眼毛衫

【成品尺寸】 衣长50cm 胸围86cm 肩宽40cm 领围45cm

【工具】 6号棒针

【材料】 米色棉麻毛线450g

【密度】 10cm²：12针×13行

【制作过程】

1. 前片：普通起针法起30针，按花样A编织，并按肩斜加针加3针织20cm；加32针（如图），加针处按花样B编织，织13cm后开领（开领处花样A第二针为下针）。按前领加针，前领减针开领，织18cm后，再平织13cm，下身片处收32针，再按花样A编织，按肩斜减针织20cm后收针。

2. 后片：编织方法与前片类似，但不用开领，前片开领处后片平织即可。

3. 整理：前、后片缝合，注意平整度。

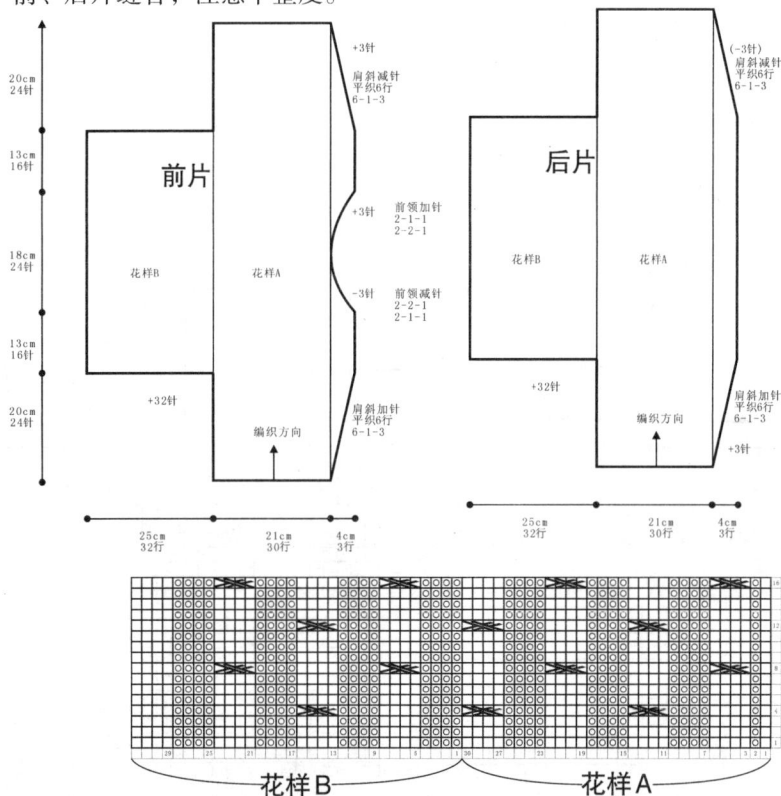

20cm 24针					+3针 肩斜减针 平织6行 6-1-3
13cm 16针	**前片**				
18cm 24针	花样B	花样A		+3针 前领加针 2-1-1 2-2-1	
				-3针 前领减针 2-2-1 2-1-1	
13cm 16针					
20cm 24针	+32针	编织方向		+3针 肩斜加针 平织6行 6-1-3	

25cm 32行   21cm 30行   4cm 3行

后片

花样B   花样A

(-3针) 肩斜减针 平织6行 6-1-3

+32针   编织方向

肩斜加针 平织6行 6-1-3   +3针

25cm 32行   21cm 30行   4cm 3行

花样B   花样A

【成品尺寸】衣长44cm　胸围84cm　肩宽38cm　袖长58cm

【工具】5号棒针　6号棒针

【材料】红色毛线500g

【密度】10cm²：20针×30行

【制作过程】

1. 前片：用5号棒针编织，双罗纹起针法起84针，双罗纹编织8cm，换6号棒针编织花样26cm，按前袖窿减针（小燕子减针法）及前领减针织出袖窿和前领。

2. 后片：编织方法与前片类似，袖窿和后领见后袖窿减针及后领减针。

3. 袖片（两片）：用5号棒针双罗纹起针法起24针，双罗纹编织8cm，换6号棒针按袖下加针编织花样织36cm，按左袖山减针及右袖山减针织出袖山。

4. 缝合：前片、后片、腋下缝合，袖片、袖下缝合，袖山和身片袖窿缝合，注意左袖山和右袖山高低不同处。

5. 领：前片、后片和袖片各挑66针、60针、48针。双罗纹编织10cm。

前片

28cm / 56针

10cm / 30行　-28针

前领减针
2-1-12
2-2-2
2-3-1
平收18针
行针次

-14针
前袖笼减针
平织2行
4-2-7
行针次

26cm / 78行

花样

8cm / 24行　编织方向　双罗纹编织

42cm / 84针

后片

28cm / 56针

5cm / 16行　-28针　后领减针　平织4行
9cm / 26行
4-1-1
2-2-1
2-1-1
2-3-1
2-4-1

-14针
后袖笼减针
平织6行
6-2-4
4-2-3
行针次

花样

编织方向　双罗纹编织

42cm / 84针

袖片

24cm / 48针

14cm / 42行

袖下加针
平织6行
6-1-5
8-1-9
行针次

-14针

10cm / 30行　-14针

左袖山减针
平织2行
4-2-7
行针次

右袖山减针
平织6行
6-2-4
4-2-3
行针次

36cm / 108行

袖片
花样

+14针

袖山间减针
平织2行
2-8-5
平收8针
行针次

8cm / 24行　编织方向　双罗纹编织

24cm / 48针

双罗纹图解

8	7	6	5	4	3	2	1	
								6
								5
								4
								3
								2
								1

花样

紫色蝴蝶上装

【成品尺寸】 衣长64cm　胸围88cm　肩宽35cm　袖长30cm

【工具】 3mm棒针　3.25mm棒针　2.5mm钩针

【材料】 玫红色毛线320g

【密度】 10cm²：25针×40行

【制作过程】

　　1. 后片：用3.25mm棒针起124针，从下往上编织花样，按图解收针，织到28cm处不放不收往上织16cm，按图解编织插肩。

　　2. 前片：用3.25mm棒针起42针，门襟处按图解织圆角，织到48cm处开前领，按图解编织。

　　3. 袖片：用3.25mm棒针起75针，织到10cm处开始织袖山，按图解编织。

　　4. 腰带：用3mm棒针按图编织下针，上下为双层。

　5. 缝合：袖片、前、后片缝合好，袖口、前、后片按图钩边。带子穿入腰带缝合在腰部，内部钉上暗扣，外部钉上并排2枚扣子。清洗，熨烫。

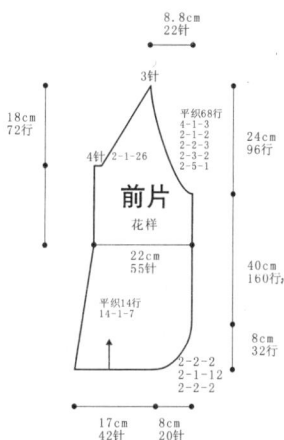

前片　花样

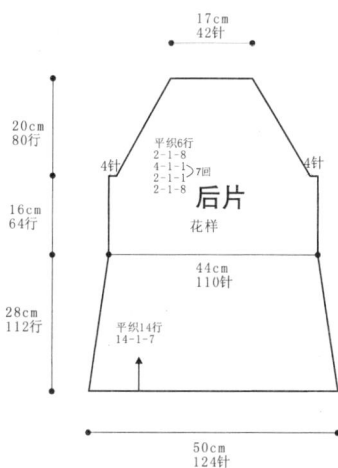

后片　花样

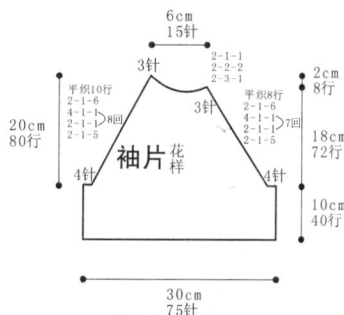

袖片　花样

衣、袖边花样

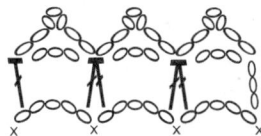

腰带

88cm
264针

带子的织法

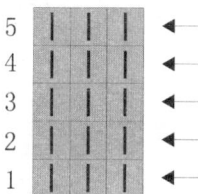

花样

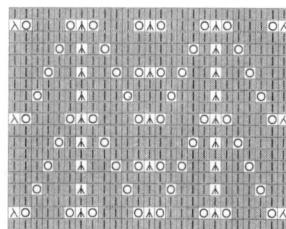

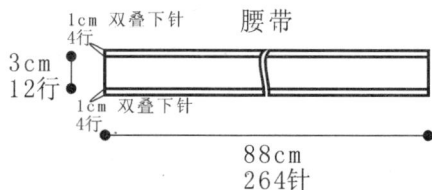

157

【成品尺寸】衣长58cm 胸围96cm 肩宽40cm 袖长60cm

【工具】14mm钢针

【材料】紫色羊毛线600g

【密度】10cm²：50针×62行

【附件】2枚白色圆形纽扣 金丝绒若干

【制作过程】

1. 前片：普通起针法起240针，织入41cm后按前领减针织前领，织5cm后按袖窿减针，先织出右边部分，再对称织出左边部分。

2. 后片：编织方法类似于前片，不同之处为开领见后领减针。

3. 袖片（两片）：普通起针法起110针，下针编织4cm后，按袖下加针织入43cm，按袖山减针织出袖山。

4. 缝合：前、后片肩部、腋下缝合，按样式图在合适位置缝制好金丝绒衣领边及装上2枚白色圆形纽扣。

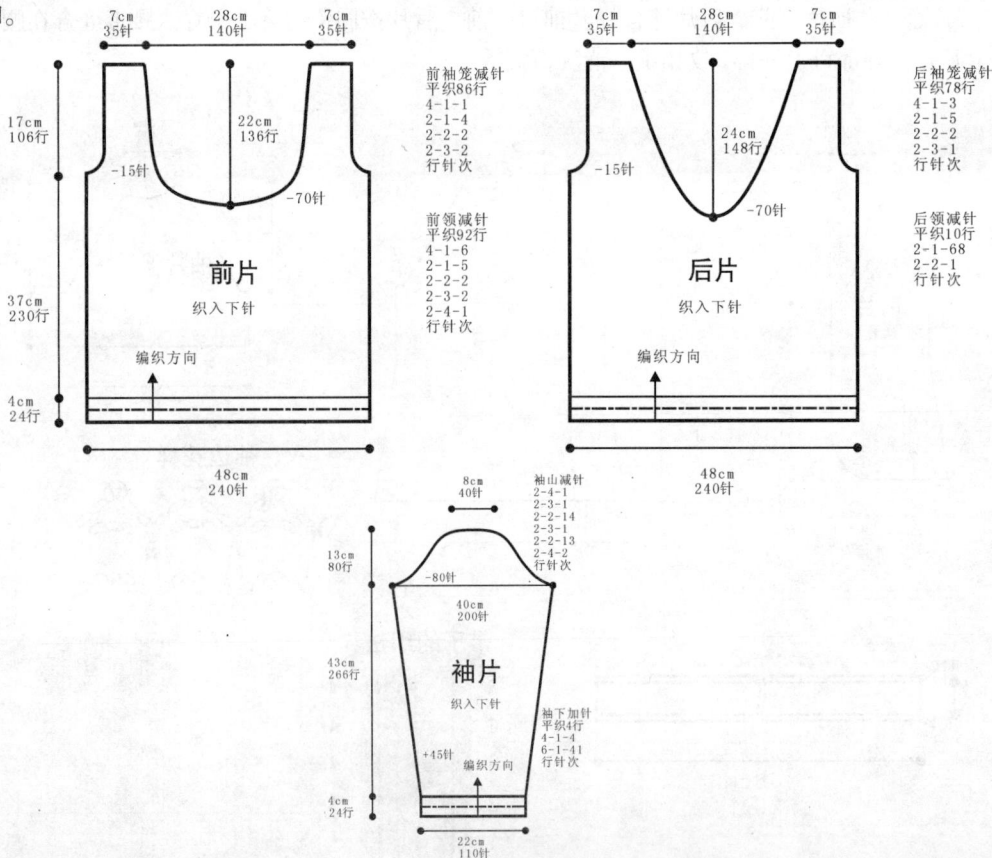

前片

7cm 35针　28cm 140针　7cm 35针

17cm 106行

−15针　22cm 136行　−70针

37cm 230行

织入下针

编织方向

4cm 24行

48cm 240针

前袖笼减针
平织86行
4-1-1
2-1-4
2-2-2
2-3-2
行针次

前领减针
平织92行
4-1-6
2-1-5
2-2-2
2-3-2
2-4-1
行针次

后片

7cm 35针　28cm 140针　7cm 35针

−15针　24cm 148行　−70针

后片

织入下针

编织方向

48cm 240针

后袖笼减针
平织78行
4-1-3
2-1-5
2-2-2
2-3-1
行针次

后领减针
平织10行
2-1-68
2-2-1
行针次

袖片

8cm 40针

13cm 80行

−80针

40cm 200针

43cm 266行

织入下针

编织方向

+45针

4cm 24行

22cm 110针

袖山减针
2-4-1
2-3-1
2-2-14
2-3-1
2-2-13
2-4-2
行针次

袖下加针
平织4行
4-1-4
6-1-41
行针次

个性蝙蝠衫

【成品尺寸】 衣长60cm　胸围86cm　肩宽40cm　袖长58cm

【工具】 13mm钢针

【材料】 紫色马海毛线950g

【密度】 10cm²：34针×36行

【附件】 10枚黑色小圆纽扣

【制作过程】

1. 左片（两片）：双罗纹针起120针，双罗纹针织2cm，按领加针及花样织19cm，按腋下减针及肩斜减针织出腋下和肩斜，扣眼：开始4针处开一扣眼，接下来每隔7cm开一扣眼。

2. 右片（两片）：同左片，对称织出即可，如右片图。

3. 袖片（两片）：双罗纹针起76针，按袖下加针双罗纹针织58cm。

4. 缝合：两片右片上缝上5枚黑色小圆纽扣；一左片与一右片腋下缝合，另一对也缝合，注意花纹连接处；门襟扣好纽扣；袖子缝合后装袖。

5. 下摆双罗纹：共挑256针，双罗纹针，圈织。

左片图

17cm / 56针

30cm（132行）

腋下减针
2-1-37
2-2-10
2-3-3
2-4-2
2-5-2
平收23针
行针次

−17针

−103针

左片
花样

19cm / 68行

编织方向

双罗纹编织

+56针

领加针
2-5-2
2-4-2
2-3-5
2-2-9
2-1-5
行针次

13cm（65行）

2cm（20行）

35cm / 120针　　17cm / 56针

右片图

17cm / 56针

肩斜加针
平织6行
6-1-17
行针次

右片
花样

编织方向

35cm / 120针　　17cm / 56针

双罗纹图解

| | | | | | | | | |
|8|7|6|5|4|3|2|1| |

（行号 1 2 3 4）

袖片图

30cm / 102针

58cm / 140行

袖片
双罗纹编织

编织方向

+13针

袖片加针
平织10行
10-1-13
行针次

22cm / 76针

花样

12	11	10	9	8	7	6	5	4	3	2	1

（行号 1 2 3 4 5 6）

159

【成品尺寸】衣长75cm　胸围86cm　肩宽40cm　袖长72cm

【工具】14mm钢针

【材料】紫色羊毛线1200g

【密度】10cm²：32针×35行

【附件】4枚紫色圆形纽扣

【制作过程】

　　1. 前片：双罗纹针起138针，双罗纹针织15cm，花样织40cm，按袖窿减针及前领减针织出袖窿和前领。

　　2. 后片：编织方法与前片类似，不同之处为开领处见后领开领。

　　3. 袖片（两片）：双罗纹针起72针，双罗纹针织22cm后，按袖下加针，花样A织37cm后，按袖山减针织13cm，织出袖山。

　　4. 下摆装饰边：双罗纹针起48针，双罗纹针织13行。

　5. 帽子（两片）：普通起针法起36针，花样编织，并按帽沿加针及减针织出一片，织完2片后缝合。

　6. 缝合：前、后片、肩部、腋下缝合，注意花纹对称；下摆装饰边与下摆缝合，再缝上4枚紫色圆形纽扣。

　7. 领：帽子和前领各挑160针和140针，织2cm下针后对折缝合。

前片

后片

袖片

花样

双罗纹图解

帽子

下摆装饰边

【成品尺寸】衣长65cm　胸围88cm　肩宽36cm

【工具】4号棒针

【材料】含金丝咖啡色毛线700g　米色毛线10g

【密度】10cm²：30针×40行

【制作过程】单股线编织，毛衣由前、后片、袖片组成。

1. 前领片：普通起针法起210针，下针编织4cm后，按领片减针及前领减针织出前领片。织完后，不加减织4cm后对折缝合。

2. 后领片：编织方法与前领片类似，不同之处为开领见后领开领。

3. 身片(两片)：双罗纹起针法起132针，双罗纹针织10cm后，按花样编织32cm后收针，相同方法织出另一片。

4. 缝合：前领片和后领片肩部缝合；两片身片摆缝缝合；身片和领片翻折处缝合。

5. 领：双罗纹起针法起132针圈织，双罗纹编织，织2cm后开系带洞，每4cm开一个，前4cm为咖啡色编织，后4cm白色编织；最后1cm织木耳边，每1针放2针下针编织。

6. 整理：领和身片缝合；制作一条系带，在领上穿入系带；装流苏(见装流苏方法)。

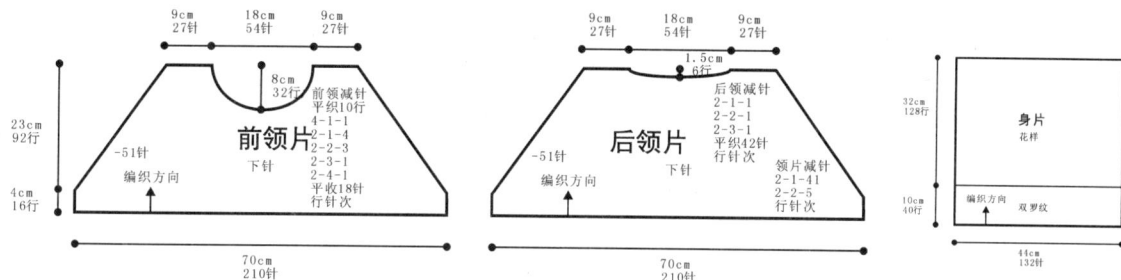

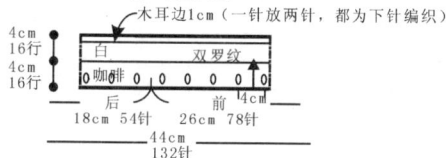

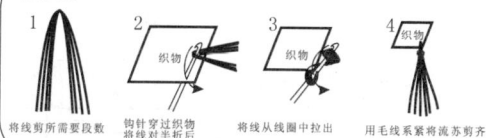

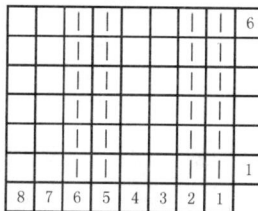

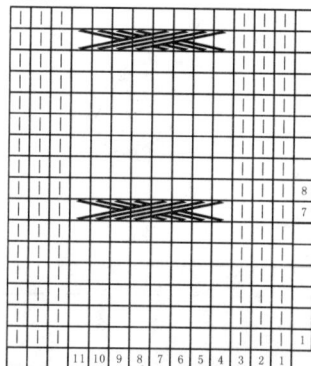

俏皮条纹装

【成品尺寸】胸围100cm　衣长54cm　袖长+单边肩宽65cm

【工具】3.5mm棒针

【材料】白色毛线400g　藏青色毛线250g

【密度】10cm²：18针×22行

【制作过程】

1. 前、后片：起80针编织花样7cm，然后改双罗纹针，编织5cm后如图所示进行收针，注意藏青色和白色毛线相间编织，编织两片。

2. 袖片：分4片编织，其中两片用白色毛线编织，两片采用相间色编织，起100针，编织双罗纹针，如图所示进行减针。

3. 缝合：将前、后片、袖片缝合。

4. 领：左右两侧分别和白色毛线挑100针，编织花样5cm。

5. 整理：袖口用白色毛线挑起40针，编织花样10cm。

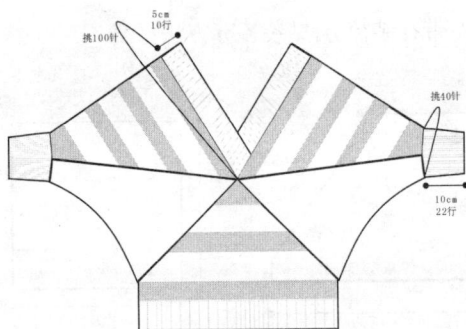

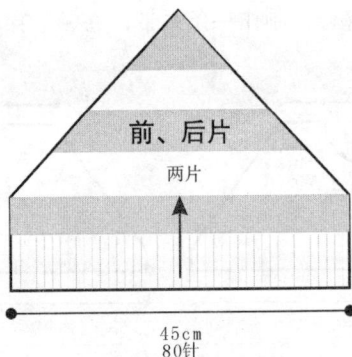

前、后片
两片

45cm
80针

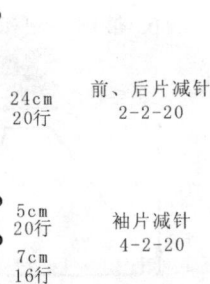

24cm
20行　前、后片减针
2-2-20

5cm
20行　袖片减针
4-2-20

7cm
16行

花样

双罗纹图解

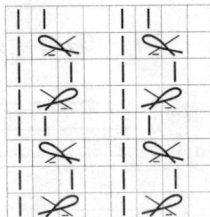

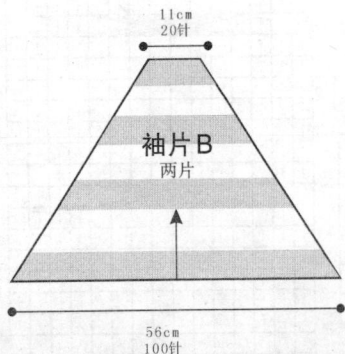

袖片B
两片

56cm
100针

11cm
20针

36cm
80行

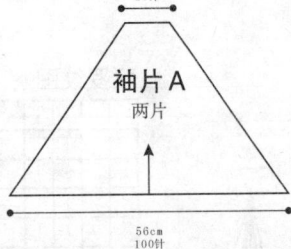

袖片A
两片

11cm
20针

36cm
80行

56cm
100针

【成品尺寸】衣长75cm　胸围90cm　袖长18cm

【工具】12号棒针

【材料】暗红、烟灰、湖蓝三色细毛线

【密度】10cm²：33针×45行

【制作过程】单股线编织，毛衣由前、后片、袖片组成。

1. 后片：起148针双罗纹针编织边后编织平针，编织40cm后开始袖窿减针，按结构图减完针后，不加减针编织到肩部，两肩部各余8cm，按图示颜色换线编织。

2. 前片：起148针双罗纹针编织边后编织平针，编织到40cm时开始袖窿减针、前领窝减针，按结构图减完针后收针断线，按图示颜色换线编织。

3. 袖片：从袖口起90针双罗纹针编织边后编织，按结构图所示均匀加针，编织6cm后开始袖山减针，按图所示减针后余42针，断线。同样方法再完成另一片袖片，按图示颜色换线编织。

4. 缝合：沿边对应相应位置缝实。

5. 整理：领口挑起织双罗纹。

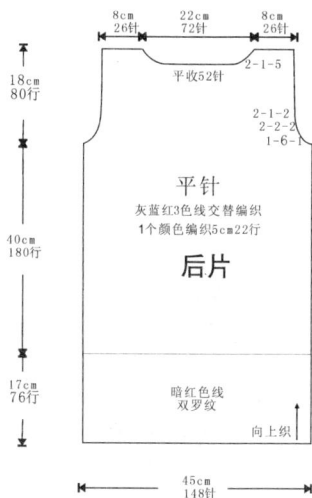

后片

平针
灰蓝红3色线交替编织
1个颜色编织5cm22行

18cm 80行　8cm 26针　22cm 72针　8cm 26针

平收52针
2-1-5
2-1-2
2-4-1
1-6-1

40cm 180行

17cm 76行　暗红色线双罗纹

向上织

45cm 148针

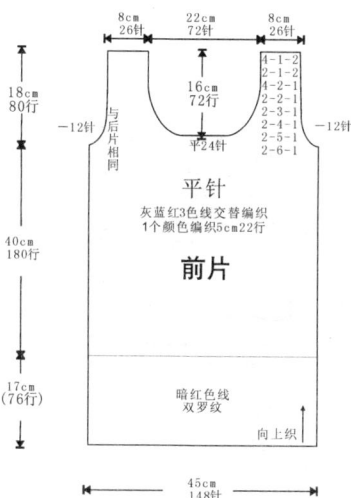

前片

平针
灰蓝红3色线交替编织
1个颜色编织5cm22行

8cm 26针　22cm 72针　8cm 26针

16cm 72行
余24针

4-1-2
2-1-2
2-1-1
4-2-1
2-3-1
2-4-1
2-5-1
2-6-1

−12针　与后片相同　−12针

40cm 180行

17cm（76行）　暗红色线双罗纹

向上织

45cm 148针

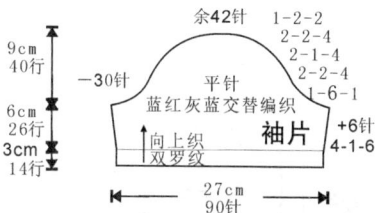

袖片

余42针　1-2-2
2-2-4
2-1-4
2-2-4
1-6-1

平针
蓝红灰蓝交替编织

−30针

9cm 40行

6cm 26行
3cm 14行

+6针
4-1-6

向上织 双罗纹

27cm 90针

双罗纹图解

							6
							5
							4
							3
							2
							1
8	7	6	5	4	3	2	1

【成品尺寸】衣长60cm　胸围86cm　肩宽40cm　袖长60cm　领围45cm

【工具】10mm钢针

【材料】咖啡色 马海毛线300g　军绿色、橙色、土黄色马海毛线各150g　白色马海毛线100g

【密度】10cm²：22针×40行

【制作过程】说明：A白色5行；B为15行；C为20行；D为25行；E为13行

1. 后片：双罗纹针起96针，双罗纹编织（见图解）8cm，换白线下针编织，织到48针时加1针（无缝加针），再按图换色编织，白条纹都相同，其他从下往上颜色分别为军绿色、橙色、咖啡色、土黄色、军绿色、咖啡色、橙色、土黄色、咖啡色，并同时按后袖窿减针、后领减针、肩斜减针织出袖窿、后领和肩斜。

2. 前片：不同之处为按前袖窿减针、前领减针、肩斜减针织出袖窿、前领和肩斜，开领时中间留1针。

3. 袖片（两片）：双罗纹针起96针，双罗纹编织8cm，按袖下加针织袖片，白条纹相同（除最上面白条纹），其他从下往上颜色分别为橙色、咖啡色、军绿色、橙色、咖啡色、土黄色、军绿色、咖啡色、橙色，最后一条白色为13行，袖山见袖山减针。

4. 缝合：前、后片肩部、摆缝缝合，缝合时注意松紧度。

5. 领：前领、后领分别挑134针和48针，织法见V领针法图。

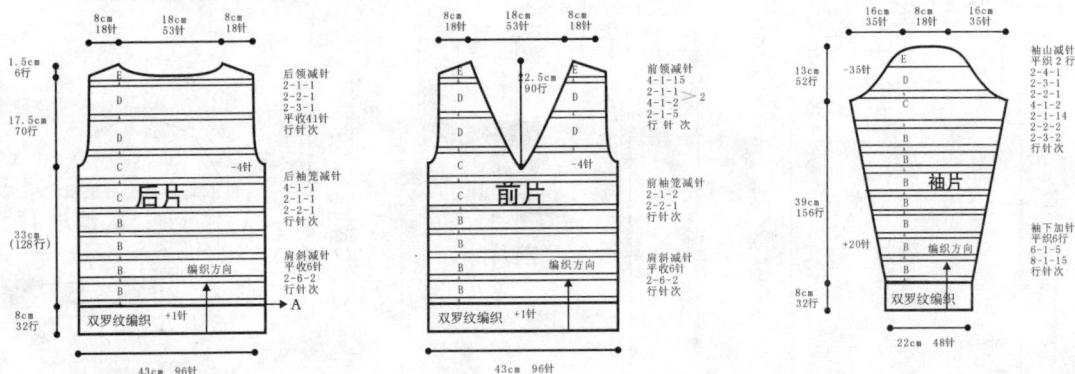

V领针法图

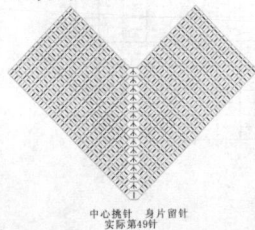

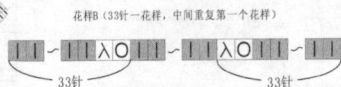

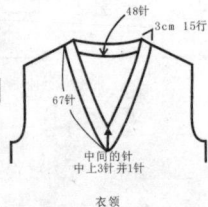

双罗纹图解

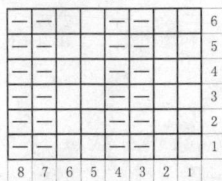

164

休闲短袖薄衫

【成品尺寸】衣长80cm　胸围96cm

【工具】1.7mm棒针　小号钩针

【材料】白色纯羊毛线

【密度】10cm²：44针×55行

【制作过程】1. 前片：按图起针，织10cm双罗纹后，改织花样，织至完成。

2. 后片：按图起针，织10cm双罗纹后，改织花样，织至完成，衣片和领窝按图加减针。

3. 缝合：袖口挑针，织5cm双罗纹，领圈用钩针钩织花边领。

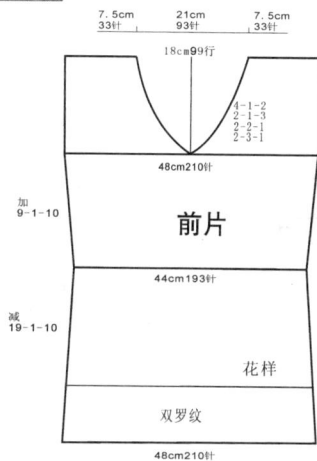

7.5cm 33针　21cm 93针　7.5cm 33针

18cm99行

4-1-2
2-1-3
2-2-1
2-3-1

48cm210针

前片

加 9-1-10

44cm193针

减 19-1-10

花样

双罗纹

48cm210针

7.5cm 33针　21cm 93针　7.5cm 33针

1.5cm8行

18cm 99行

平收76针　4-1-3
2-1-1
2-3-1

48cm210针

15cm 83行

后片

加 9-1-10

44cm193针

37cm 203行

减 19-1-10

花样

10cm 53行

双罗纹

48cm210针

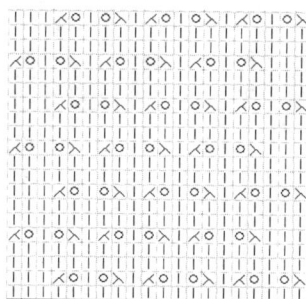

花样

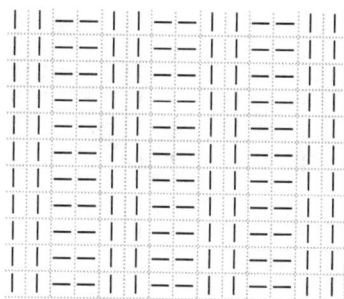

双罗纹图解

【成品尺寸】衣长81cm　胸围100cm　袖长16cm

【工具】12号棒针　2号钩针

【材料】灰色夹金棉线

【密度】10cm²：33针×50行

【附件】纽扣3枚

【制作过程】单股线编织，毛衣由前、后片、袖片组成。

　　1. 后片：起180针单罗纹针，织边后编织花样B按图示减针，编织42cm后减去20针，编织双罗纹6cm。编织花样A按结构图加针，编织15cm减袖窿、后领窝，两肩部各余9cm。

　　2. 前片：与后片一样编织，按图示留出前领窝。

　　3. 袖片：起126针编织，按图示减出袖山，编织2片。

4. 缝合：沿边对应相应位置缝实。

5. 整理：用钩针钩织领边、袖边。

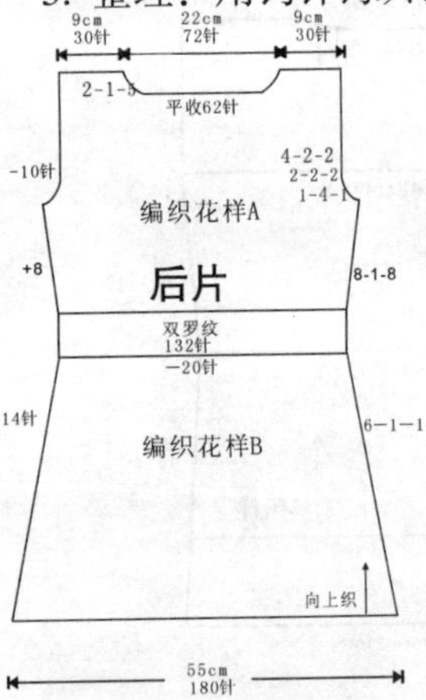

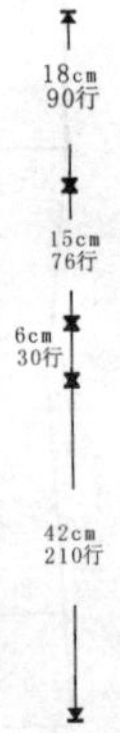

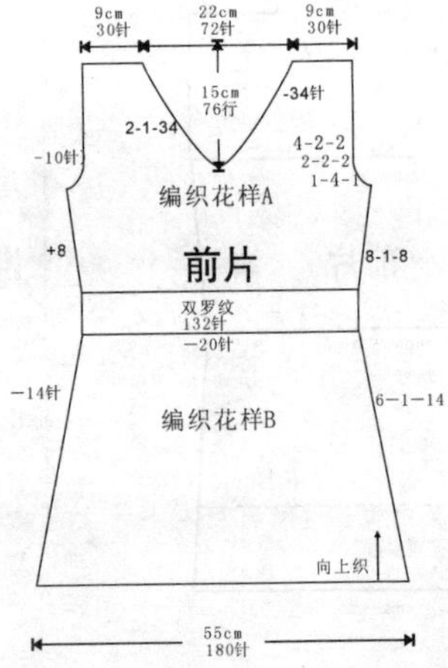

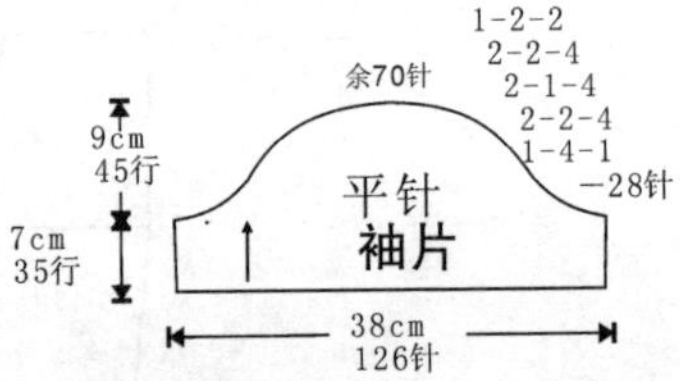

后片结构图：
9cm 30针　22cm 72针　9cm 30针
2-1-3　平收62针
-10针
4-2-2　2-2-2　1-4-1
编织花样A
+8　后片　8-1-8
双罗纹 132针 -20针
-14针
编织花样B　6-1-14
55cm 180针
18cm 90行　15cm 76行　6cm 30行　42cm 210行
向上织

前片结构图：
9cm 30针　22cm 72针　9cm 30针
15cm 76行　-34针
-10针　2-1-34
编织花样A
4-2-2　2-2-2　1-4-1
+8　前片　8-1-8
双罗纹 132针 -20针
-14针
编织花样B　6-1-14
55cm 180针
向上织

袖片结构图：
1-2-2　2-2-4　2-1-4　2-2-4　1-4-1　-28针
余70针
9cm 45行
7cm 35行
平针　袖片
38cm 126针

花边图样

花样A 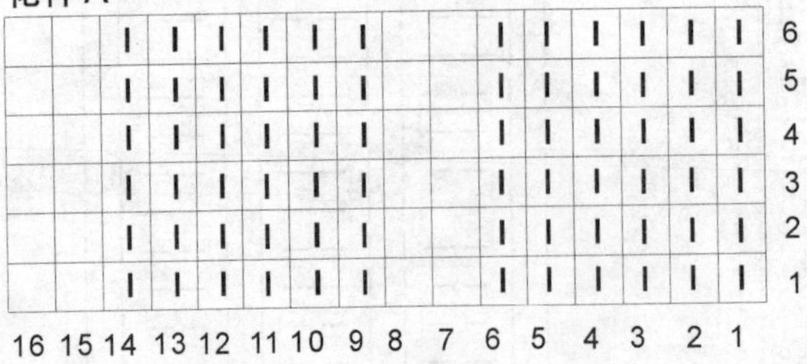
6 5 4 3 2 1
16 15 14 13 12 11 10 9 8 7 6 5 4 3 2 1

花样B
7针12行1花样

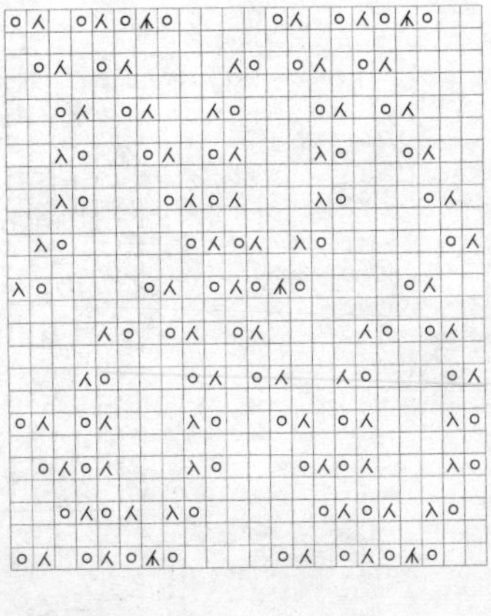

圆领紧身长衫

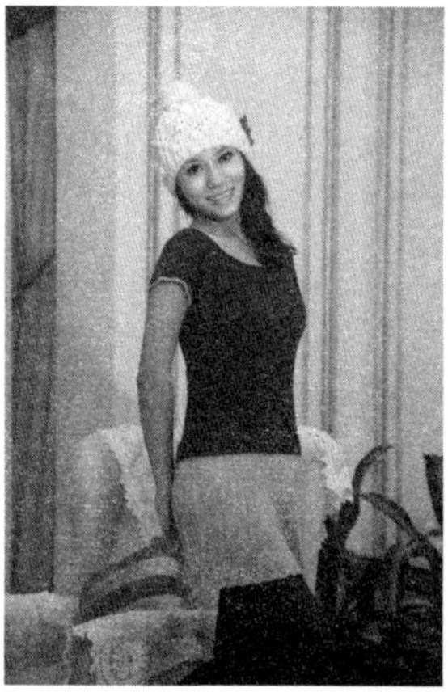

【成品尺寸】胸围90cm　衣长78cm　袖长+单侧肩宽18cm

【工具】2mm棒针

【材料】咖啡色毛线400g　深杏色毛线300g

【密度】10cm²：32针×40行

【制作过程】

1. 后片：用咖啡色毛线起144针，编织双罗纹针5cm后改织平针，织25cm后如图所示收袖窿。

2. 前片：用咖啡色毛线起144针，编织双罗纹针5cm后改织平针，织25cm后如图所示收袖窿，织15cm后收前领。

3. 袖片：起112针，编织双罗纹针2cm然后改织平针，并如图所示收袖山，编织两片。

4. 缝合：先将前、后片与袖片缝合，挑出领子编织机器领，然后用深杏色毛线在领口里面再挑出相应的针数编织，高于机器领三到四行后平收。同样，在袖口里面编织双罗纹，再挑出相应的针数编织，高于双罗纹三到四行后平收。

5. 百褶裙：用深杏色毛线起360针，编织花样，然后按图示用高压熨斗均匀地熨出18个褶子，并缝合在上身双罗纹与交界处。

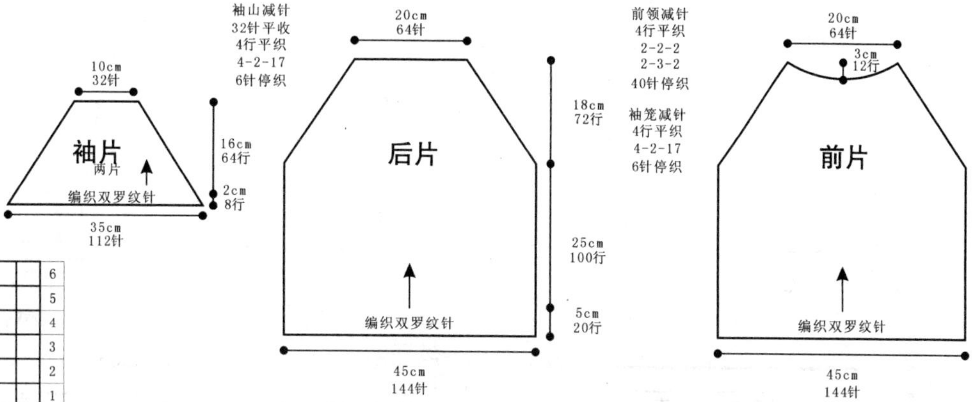
袖山减针
32针平收
4行平织
4-2-17
6针停织
10cm
32针
袖片
两片
编织双罗纹针
16cm
64行
2cm
8行
35cm
112针
20cm
64针
后片
编织双罗纹针
18cm
72行
25cm
100行
5cm
20行
45cm
144针
前领减针
4行平织
2-2-2
2-3-2
40针停织
袖笼减针
4行平织
4-2-17
6针停织
20cm
64针
3cm
12行
前片
编织双罗纹针
45cm
144针

双罗纹图解

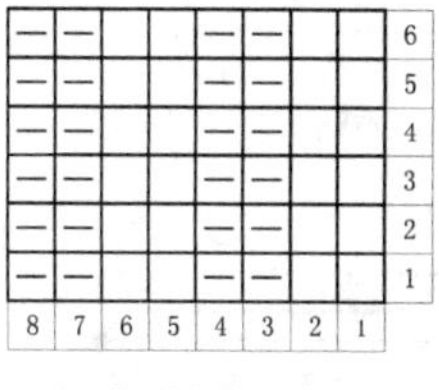
6
5
4
3
2
1
8 7 6 5 4 3 2 1

百褶裙针法

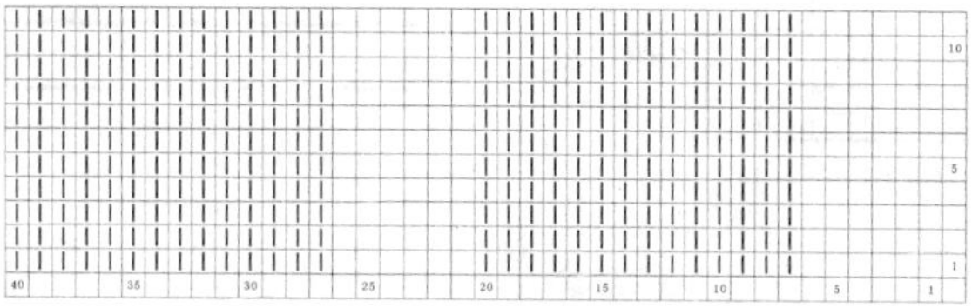
10
5
1
40 35 30 25 20 15 10 5 1

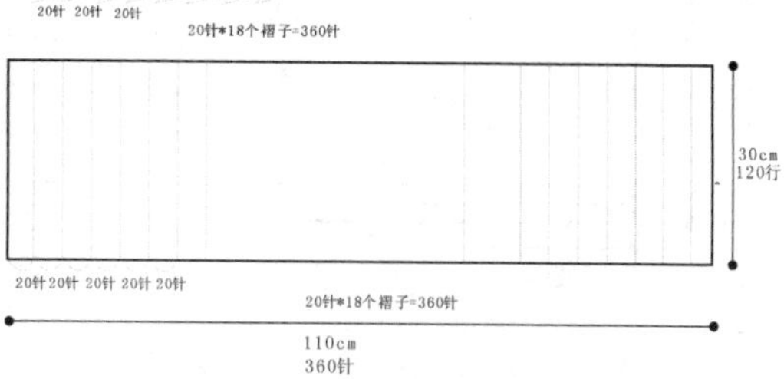
20针 20针 20针
20针*18个褶子=360针
30cm
120行
20针 20针 20针 20针 20针
20针*18个褶子=360针
110cm
360针

【成品尺寸】衣长81.5cm　胸围86cm　肩宽40cm　臀围94cm　袖长58cm

【工具】14mm钢针

【材料】黑色羊毛线550g　墨绿色羊毛线300g

【密度】10cm²：50针×62行

【制作过程】

1. 前片：普通起针法起215针，织入33cm后按袖窿减针织袖窿，织7cm后按前领减针织出前领。

2. 后片：编织方法与前片类似，不同之处为开领见后领减针。

3. 袖片（两片）：双罗纹针起110针，双罗纹编织10cm，下针及按袖下加针织入35cm，按袖山减针织出袖山。

4. 下摆（两片）：起240针，下针织入24.5cm，织3cm翻折缝合（系带从此入），挑针240针，双罗纹编织，下摆4cm翻折缝合。

5. 系带：做一根长150cm的系带。

前片

7.5cm 38针　20cm 101针　7.5cm 38针

10cm 62针

17cm 106行

前领减针
平织8行
4-1-6
2-1-5
2-2-2
2-3-2
2-4-1
行针次　织入下针

33cm 204行

袖笼减针
平织86行
4-1-1
2-1-4
2-2-2
2-3-2
平收4针
行针次

−19针

编织方向

43cm 215针

后片

7.5cm 38针　20cm 101针　7.5cm 38针

1.5cm 10行

后领减针
平织4行
2-1-1
2-2-1
2-3-1
平收89针
行针次

−19针

13cm 80行

35cm 176行

10cm 62行

织入下针

编织方向

43cm 215针

袖片

8cm 40针

袖山减针
2-4-1
2-3-1
2-2-14
2-2-13
2-4-2
行针次

−80针

40cm 200针

35cm 176行

10cm 62行

织入下针
平织2行
+45针
4-1-42
行针次

袖下加针
2-1-3
4-1-42
行针次

双罗纹编织

22cm 110针

下摆

4cm 24行

3cm 18行

20.5cm 126行

4cm 24行

下摆

48cm 240针

双罗纹图解

8	7	6	5	4	3	2	1	
								6
								5
								4
								3
								2
								1

上领边

3cm 18行

花样

36cm 180针

下领边

6cm 38行

花样

44cm 220针

浪漫V领印花衫

【成品尺寸】 衣长83cm　　胸围88cm　　肩宽36cm　　袖长56cm

【工具】 2.25mm棒针

【材料】 银灰色夹金毛线400g　天蓝色夹金毛线250g　黑色毛线50g

【密度】 10cm²：28针×36行

【附件】 纽扣3枚

【制作过程】

1. 后片B：起124针，双罗纹编织55cm。后片B完成。

2. 前片B：同后片B一样，编织10cm后开始织平针，随意在适合位置留出大洞，横着的洞是先平收在第二行织再平加，竖着的洞是先织一边，一定的长度后停针，然后再去织另一边，最后再两边一起织。织30cm后停针，用天蓝色毛线在织片的正反两面编织双罗纹，再挑起相同的针数，织30cm，然后和银灰色毛的织片并起来继续用灰色毛线往上织，织15cm后如图所示开始收针，前片B结束。

3. 后片A：用天蓝色和黑色毛线编织配色花样，起124针，织10cm后如图所示收袖窿，织15cm后收后领。

4. 前片A：同后片A一样，收袖窿5cm后开始如图所示收前领。

5. 袖片：用天蓝色毛线起68针，先织6cm双罗纹针，然后如图所示开始加针，织38cm后收袖山，编织两片。

6. 缝合：先将后片B与前片B缝合，再将后片A与前片A缝合，然后上下对接，缝合在B片里面与双罗纹的交界处，最后上袖子。

7. 整理：领片从前领中心开始挑148针，然后再多平加56针，编织双罗纹针3cm后收针，将多挑出来的部分与前片缝合，最后再均匀地缝上3枚纽扣。

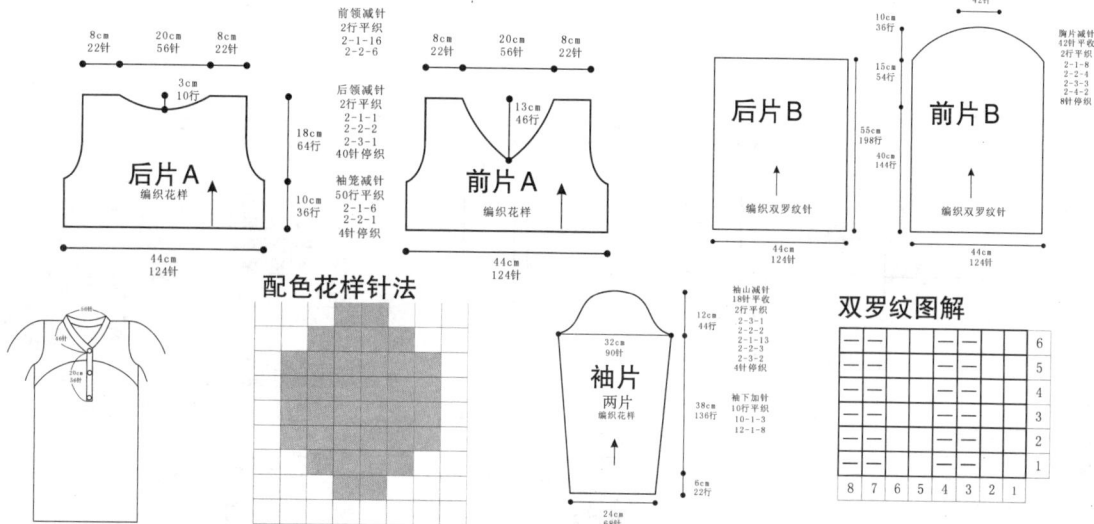

后片A
编织花样

前片A
编织花样

后片B
编织双罗纹针

前片B
编织双罗纹针

配色花样针法

袖片
两片
编织花样

双罗纹图解

【成品尺寸】衣长82cm　胸围88cm　肩宽32cm

【工具】2mm棒针

【材料】黑色棉毛线400g　白色100g

【密度】10cm²：36针×44行

【制作过程】

　　1. 后片：起180针，采用提花编织，并如图所示收腰线，织60cm后收袖窿，织15cm后两端各留9针，中间98针收针，两端分别编织27cm。

　　2. 前片：分两片完成，前片A起180针，采用提花编织，并如图所示收腰线，织53cm后平收；前片B起198针，用黑色线编织，织7cm后如图所示收前领和袖窿。

　　3. 缝合：先将前片A与B缝合好，注意胸围前抽碎褶，再与后片缝合，肩带不用缝合，打蝴蝶结固定。

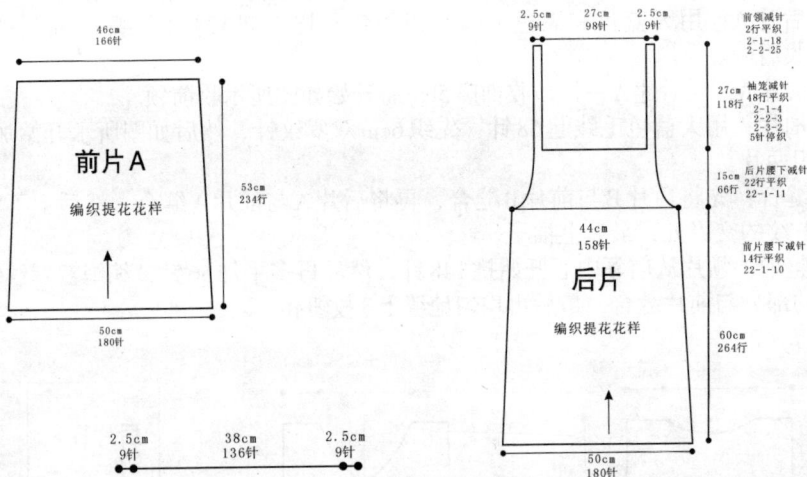

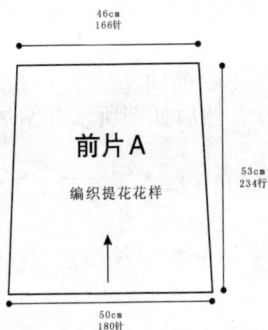

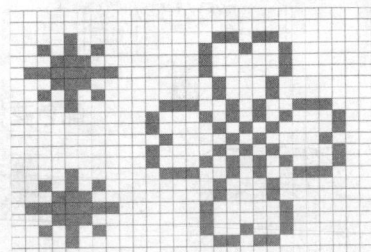

46cm
166针

前片A

编织提花花样

53cm
234行

50cm
180针

2.5cm 9针　27cm 98针　2.5cm 9针

前领减针
2行平织
2-1-18
2-2-25

27cm
118行

袖笼减针
48行平织
2-1-4
2-2-3
2-3-2
5针停织

15cm
66行

后片腰下减针
22行平织
22-1-11

44cm
158针

后片

编织提花花样

前片腰下减针
14行平织
22-1-10

60cm
264行

50cm
180针

抽碎褶　　抽碎褶

2.5cm 9针　38cm 136针　2.5cm 9针

23cm
102行

22cm
96行

前片B

7cm
30行

55cm
198针

提花花样

170

淡雅短袖长衫

【成品尺寸】衣长75cm　胸围90cm

【工具】13号棒针

【材料】深灰色细毛线250g　黑色细毛线100g

【密度】10cm²：39针×45行

【附件】亮片1包

【制作过程】单股线编织，毛衣由前、后片组成。

　　1. 后片：起176针平针编织，编织8cm对折缝合，继续编织到55cm后开始袖窿减针换成黑色毛线，按结构图减完针后不加减针编织到肩部，两肩部各余9cm。

　　2. 前片：起176针平针编织，编织8cm对折缝合，继续编织到55cm时开始袖窿减针换成黑色毛线，前领窝减针，按结构图减完针后收针断线，在图所标位置缝上亮片。

　　3. 缝合：领口挑起织平针对折缝合，沿边对应相应位置缝实。

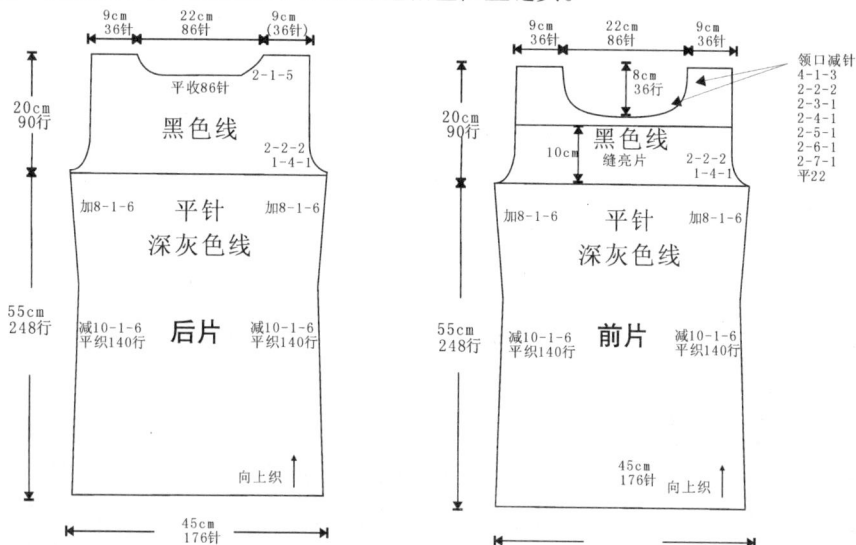

后片

9cm 36针	22cm 86针	(9cm) (36针)

平收86针　　2-1-5

黑色线

2-2-2
1-4-1

加8-1-6　　平针
深灰色线　　加8-1-6

20cm
90行

减10-1-6
平织140行　　减10-1-6
平织140行

后片

55cm
248行

向上织 ↑

45cm
176针

前片

9cm 36针	22cm 86针	9cm 36针

8cm
36行

领口减针
4-1-3
2-2-2
2-3-1
2-4-1
2-5-1
2-6-1
2-7-1
平22

10cm　黑色线
缝亮片　　2-2-2
1-4-1

加8-1-6　　平针
深灰色线　　加8-1-6

20cm
90行

减10-1-6
平织140行　　减10-1-6
平织140行

前片

55cm
248行

45cm
176针　向上织 ↑

编织花样
（平针）

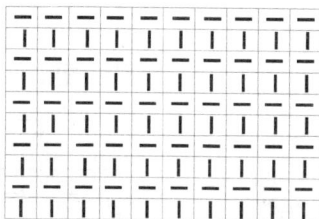

【成品尺寸】衣长77cm　胸围86cm　肩宽40cm　领围45cm

【工具】13mm钢针　14mm钢针

【材料】蓝色毛线650g　白色毛线50g

【密度】10cm²：35针×50行

【附件】纽扣2枚　2个银色小球　烫贴1张

【制作过程】

1. 前片：用13mm钢针普通起针法起150针，下针织4cm，花样织8cm，按下摆减针及腋下加针织出下摆和腋下，按袖窿减针，前领减针及肩斜减针织出袖窿，前领和肩斜，织完4cm下针处对折缝合。

2. 后片：编织方法与前片类似，不同之处为后领开领，见后领减针。

3. 缝合：将前片和后片肩部、腋下缝合。

4. 领：用14mm钢针挑领，见双罗纹V领针法图及衣领挑针数。

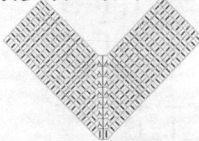

5. 袖边：用14mm钢针挑144针，下针编织2cm后翻折缝合。

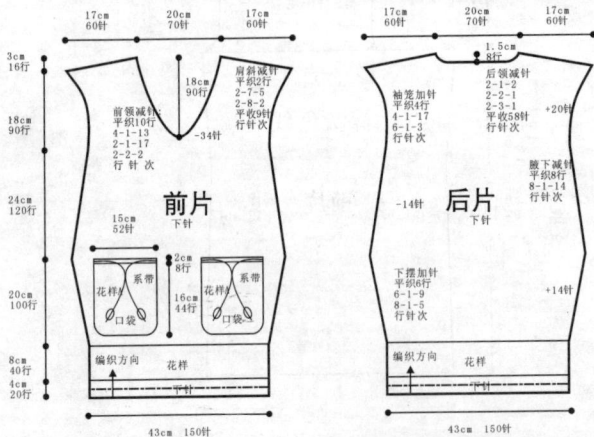

6. 帽子：见帽子制作说明。

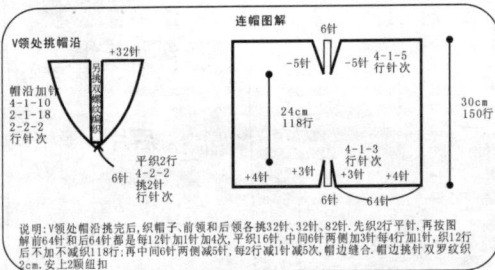

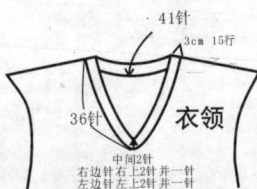

7. 口袋（两片）：前片口袋图所示，织16cm花样后织4cm下针，下针翻折缝合，穿系带用。

8. 制作两根系带，系带两头安2个银色小球。

9. 衣服洗完晾干后烫上烫贴。

前片

后片

帽子制作说明

连帽图解

衣领

双罗纹V领针法图

双罗纹图解

花样

束腰短袖毛衫

【成品尺寸】衣长65cm　袖片23cm　胸围96cm

【工具】10号棒针

【材料】灰色精纺棉毛线670g

【密度】10cm²：31针×40行

【制作过程】单股线编织，毛衣由前片、后片、袖片、育克片组成。

　　1. 后片：起150针单罗纹针边后，单片编织花样A后片，两侧减针收腰，织到65cm时开始袖窿减针，按结构图减针，织7cm后收针断线。

　　2. 前片：同样方法起150针编织花样A前片，身长共编织到65cm时同时进行袖窿、前衣领减针，同时改织花样B，按结构图两侧减完针后收针断线。

　　3. 袖片：起70针从袖口编织花样B袖片，两侧均匀加针织16cm后开始袖山减针，按图所示减针后余36针，断线。同样方法再完成另一片袖片。

　　4. 育克片：起310针圈织花样B育克片，不加减针织8cm，收针断线。

　　5. 缝合：将前、后片及袖片对应位置缝合，再将育克片沿领窝、袖窿连接缝合。

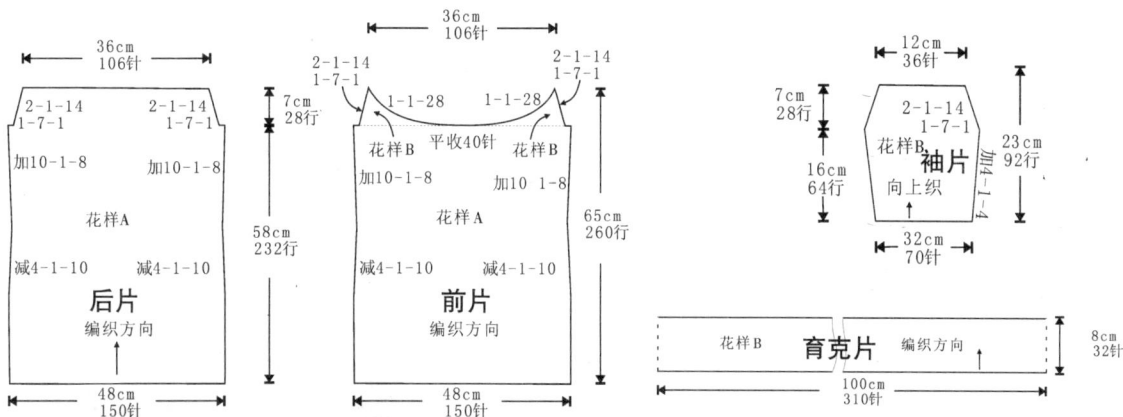

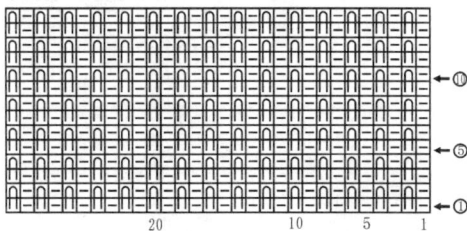

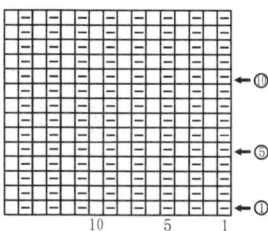

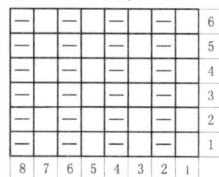

【成品尺寸】衣长70cm　袖长30cm

【工具】11号棒针　7号钩针　锁边机

【材料】灰色精纺绒毛线600g　黑色精纺绒毛线40g　宝石蓝色精纺绒毛线10g

【密度】10cm²：32针×44行

【制作过程】单股线编织，裙子由前片、后片、袖片组成。

1. 前、后片：起226针下针双层边，编织下针前、后片，两侧减针收腰，织至40cm时开始袖窿减针，减针织18cm时改织配色花样，按结构图减针到肩部，收针断线。

2. 袖片：起196针下针双层边，从袖口编织下针袖山片，两侧同时开始袖山减针，减针织到18cm时改织配色花样，按图所示减针后余64针，收针断线。同样方法再完成另一片袖片。

3. 缝合：将前、后片及袖片对应位置缝合，沿领窝挑织双罗纹针领边。

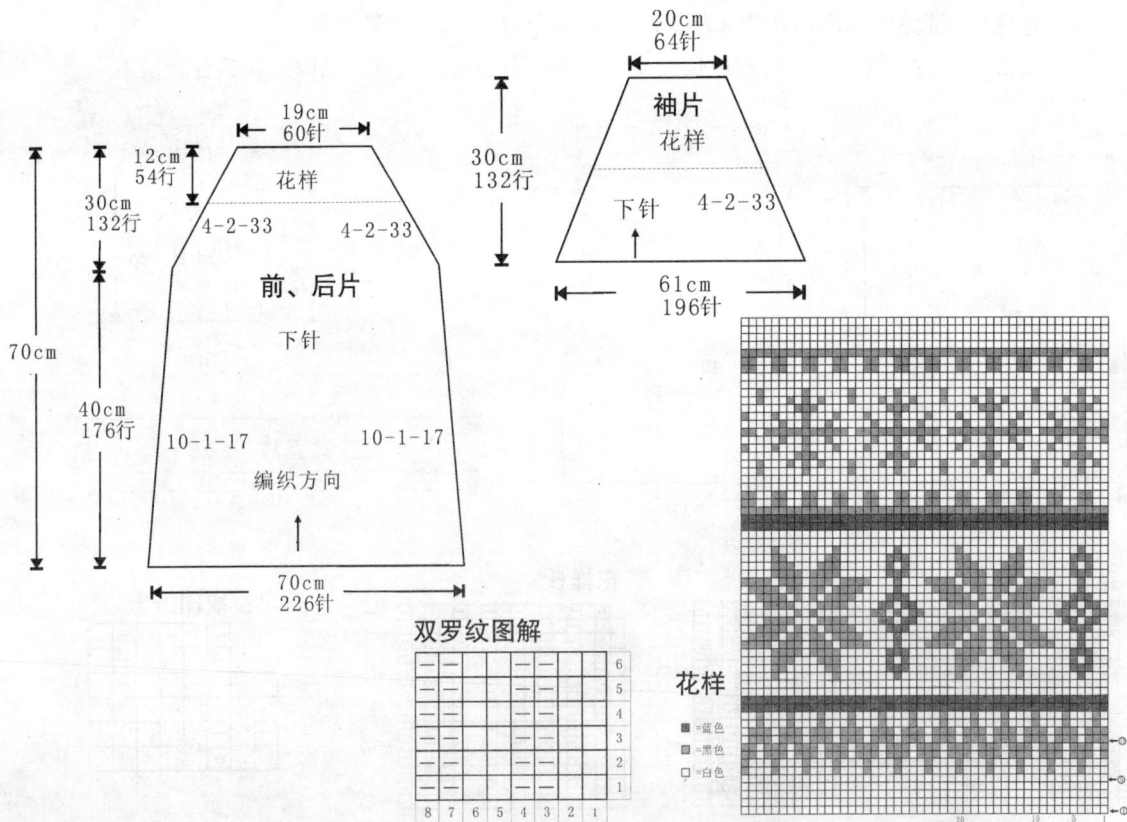

19cm
60针

12cm
54行

花样

4-2-33　　　　4-2-33

30cm
132行

前、后片

下针

70cm

40cm
176行

10-1-17　　　　10-1-17

编织方向

70cm
226针

20cm
64针

袖片

花样

30cm
132行

下针　　4-2-33

61cm
196针

双罗纹图解

花样

■=蓝色
▨=黑色
□=白色

174

秀美蝙蝠衫

【成品尺寸】 衣长72cm　肩宽37cm　袖长22cm

【工具】 2mm棒针

【材料】 毛线600g

【密度】 10cm²：32针×40行

【附件】 亚克力贴片若干

【制作过程】

1. 后片：起154针编织双罗纹针10cm后改织平针，织32cm后如图所示收袖窿，在离衣长5cm时收后领。

2. 前片：分两片完成。A片起154针，和后片一样，先织10cm双罗纹针，然后改织平针，织到22cm时开始如图所示进行收针，并在相应的位置收袖窿，挑前片A的V字部分编织机器边；B片起2针，如图所示进行加针，加至118针时结束，不加不减编织5cm后开始收前领。

3. 袖片：起192针，编织花样并如图所示收袖山，编织两片。

4. 缝合：先将前片A与B拼接后再与后片缝合，装好袖子。

5. 整理：领口挑织机器边，并将亚克力贴片贴在前胸合适的位置。

前片A

编织双罗纹针

9cm 36行
10cm 40行
22cm 88行
10cm 40行

48cm 154针

后片

编织双罗纹针

后领减针
2行平织
2-2-2
2-2-2
2-1-4
2-4-1
28针停织

后领减针
46行平织
2-1-4
2-3-2
2-2-2
2-4-1
28针停织

袖笼减针
96针平织
2-1-11
2-2-1
5针停织

前片A加针
2-1-18
2-2-20

前片B减针
2-1-18
2-2-20
2针停织

5cm
20行

30cm
120行

32cm
128行

10cm
40行

48cm 154针

8.5cm 27针　20cm 64针　8.5cm 27针

袖片
两片

编织花样

22cm 88行

袖山减针
24针平收
2行平织
2-3-3
2-2-10
2-1-17
2-2-8
2-3-3
2-4-2
5针停织

60cm 192针

双罗纹图解

6
5
4
3
2
1

8 7 6 5 4 3 2 1

前片B

8.5cm 27针　20cm 64针　8.5cm 27针

16cm 64行
5cm 20行
19cm 76行

2针

花样

【成品尺寸】衣长75cm　胸围86cm　肩宽40cm　袖长33cm

【工具】3号棒针

【材料】灰色毛线750g

【密度】10cm²：36针×50行

【制作过程】

1. 前片：双罗纹起针法起156针，双罗纹编织10cm后，改下针编织21cm，最后按前领减针、前袖窿减针织出前领和袖窿。

2. 领：按领片加针织30cm，继续按领片加针，但同时按前领减针织出领片。织完后另挑330针，下针编织2cm后，翻折缝合。

3. 后片：双罗纹起针法起156针，双罗纹编织10cm，下针编织40cm后，按后袖窿减针及后领减针织出后袖窿和后领，织完后在后领片挑102针下针编织，织1cm后在合适位置开系带洞口，如图所示，再织1cm后对折缝合。

4. 系带：做两根系带。

5. 袖片（两片）：普通针法起180针，改下针编织1cm，按花样编织袖下减针1和袖下减针2织出袖下部分，按袖山减针织出袖山。

6. 缝合：领和前片缝合，注意打褶处；前片和后片肩部、腋下缝合；袖片、袖下缝合；装袖；后领处穿上系带。

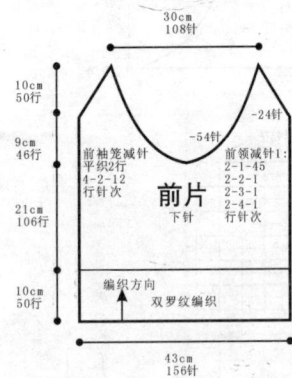

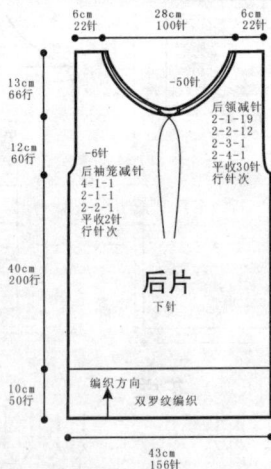

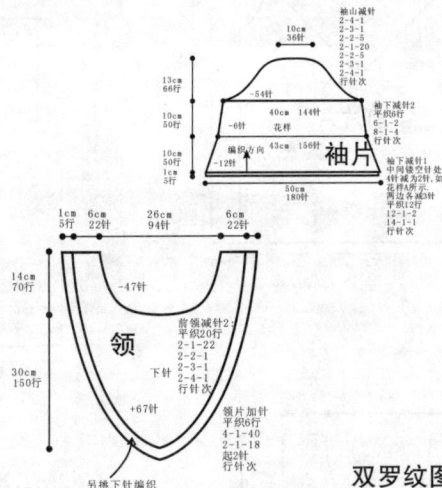

花样

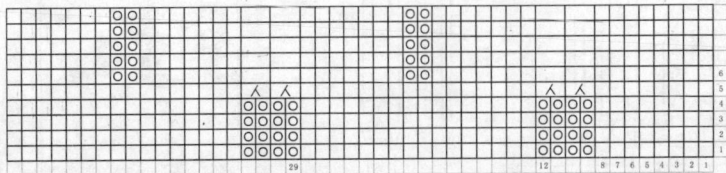

双罗纹图解

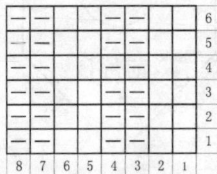

温馨短袖毛衫

【成品尺寸】衣长55cm　胸围104cm　领围45cm

【工具】5号棒针　环形针

【材料】驼色毛线650g

【密度】10cm²：18针×15行

【制作过程】

　　1. 前片：双罗纹起针法起76针，双罗纹编织10cm。按花样及下摆加针织25cm，按前领减针和肩斜减针织出关领和肩斜。

　　2. 后片：与前片类似，不同之处是后片不用开领但有肩斜。

　　3. 缝合：前、后片肩部、腋下缝合；用环形针挑袖，共挑60针，织12行；挑领，先织仿机器领（织4行下针一行上针再一行上针，再对折缝合），然后在上针上挑针单罗纹织入5cm；两边缝合。

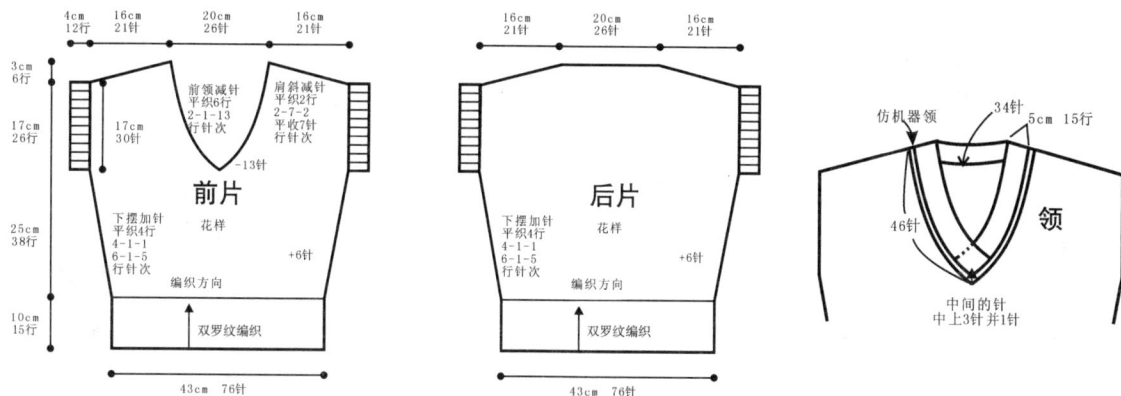

前片

- 4cm 12行
- 16cm 21针
- 20cm 26针
- 16cm 21针
- 3cm 6行
- 17cm 26行
- 25cm 38行
- 10cm 15行

前领减针　平织6行　2-1-13　行针次

肩斜减针　平织2行　2-7-2　2收7针　行针次

17cm 30针

-13针

下摆加针　平织4行　4-1-1　6-1-5　行针次

花样

+6针

双罗纹编织

编织方向

43cm　76针

后片

- 16cm 21针
- 20cm 26针
- 16cm 21针

下摆加针　平织4行　4-1-1　6-1-5　行针次

花样

+6针

双罗纹编织

编织方向

43cm　76针

领

仿机器领

34针　5cm 15行

46针

中间的针　中上3针 并1针

单罗纹图解

								6
								5
								4
								3
								2
								1
8	7	6	5	4	3	2	1	

双罗纹图解

								6
								5
								4
								3
								2
								1
8	7	6	5	4	3	2	1	

花样

												6
												5
												4
												3
												2
												1
12	11	10	9	8	7	6	5	4	3	2	1	

【成品尺寸】衣长50cm　胸围84cm　肩宽38cm　袖长10cm

【工具】6号棒针

【材料】灰红色粗毛线550g

【密度】10cm²：22针×30行

【附件】2枚灰色圆形纽扣

【制作过程】

1. 前片（左、右两片）：普通起针法起56针，下针编织40cm后按袖窿减针（小燕子减针法）及前领减针织出袖窿和前领，织完后，下面4cm对折缝合。以上织出为左片，再对称织出右片。

2. 后片：编织方法与前片类似，不同为起针94针，后领不用开领。

3. 袖片（两片）：普通起针法起56针，按袖山减针织出袖山。

4. 领：如图，普通起针法起19针，按花样编织，织4行后开扣眼，每2cm开一扣眼，一扣眼1cm，织8行，共织55cm。

5. 口袋（两片）：如图，起19针，织18行。口袋底边两角弧度缝制时自然形成，口袋缝制位置见前片。

6. 缝合：前片和后片腋下缝合；袖片、袖山和前、后片袖窿缝合；领和前、后片袖缝合，特别注意前片打褶处，每一片5个褶；在合适位置安上纽扣。

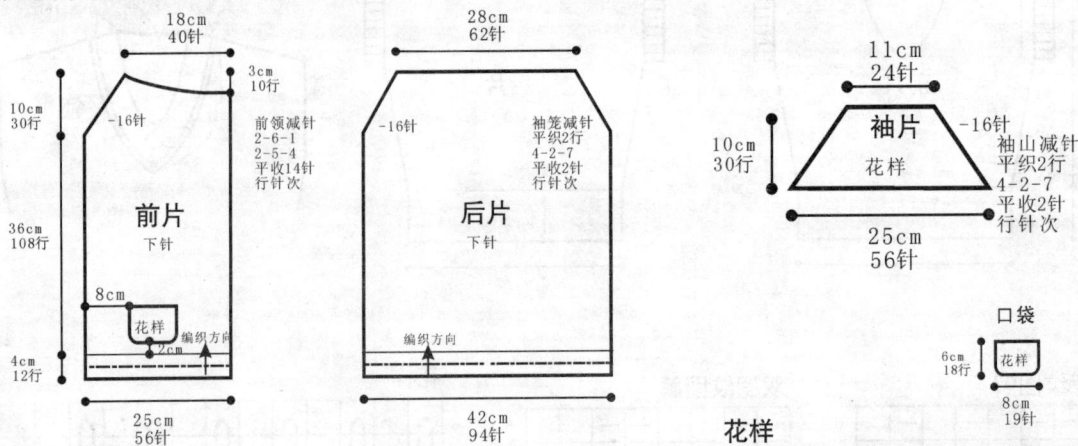

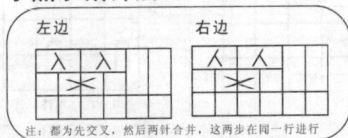

小燕子减针法

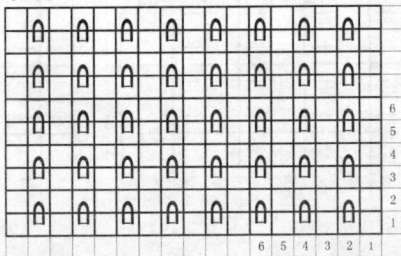

宽大蝙蝠袖衫

【成品尺寸】衣长56cm　胸围88cm　肩宽35cm　袖长54cm

【工具】3.5mm棒针

【材料】黑线120g　黑色夹白点线120g　白色夹黑点线120g

【密度】10cm²：30针×33行

【制作过程】

1. 上半部分：用3.5mm棒针起90针，用C部分线织来回下针10行，再用B线按图示编织，底下所有C部分为6行下针来回，最后结束时C部分为来回下针10行，袖子部分顺延衣片织法。

2. 下半部分，起132针，按图解A、B、C三线轮换织。

3. 圆形剪接部分后左片与后右片，编织单罗纹门襟，领口处门襟重叠挑织领子，下边门襟重叠与下半部分后片连接。

4. 领：挑120针，织下针4cm，往里对折缝合。

5. 缝合：各部分都缝合后，清洗，熨烫。

圆形剪接部分

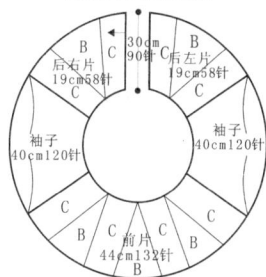

C部分编织方法　　来回下针6行

B部分编织方法

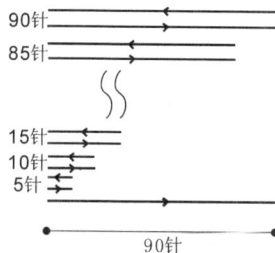

衣袖边

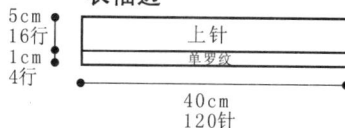

5cm 16行
1cm 4行
上针
单罗纹
40cm
120针

整圈挑120针

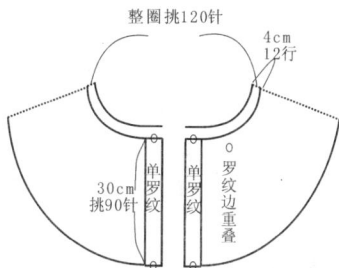

4cm 12行

30cm 挑90针

单罗纹

单罗纹

单罗纹

罗纹边重叠

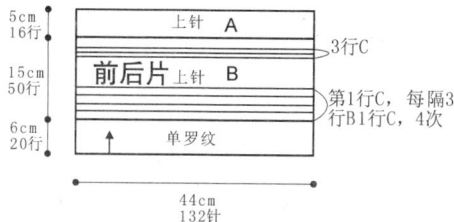

5cm 16行　上针 A
15cm 50行　前后片 上针 B
6cm 20行　单罗纹

3行C
第1行C，每隔3行B1行C，4次

44cm
132针

单罗纹图解

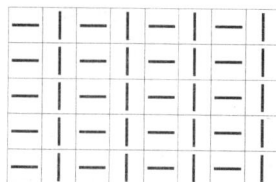

179

【成品尺寸】衣长50cm

【工具】7mm棒针

【材料】黑色粗毛线400g

【密度】10cm²：12针×22行

【制作过程】单股线编织，毛衣由前、后片组成。

　　1. 后片：从袖口起40针编织双罗纹针，织好袖边后开始编织花样，编织到34行时加出衣服底边后继续编织，按结构图减针、加针留出后领，继续编织完成后片。

　　2. 前片：与后片一样编织，注意前领的减针与加针。

　　3. 缝合：前、后片沿边对应相应位置缝实。

　　4. 领：衣领挑起编织双罗纹完成。

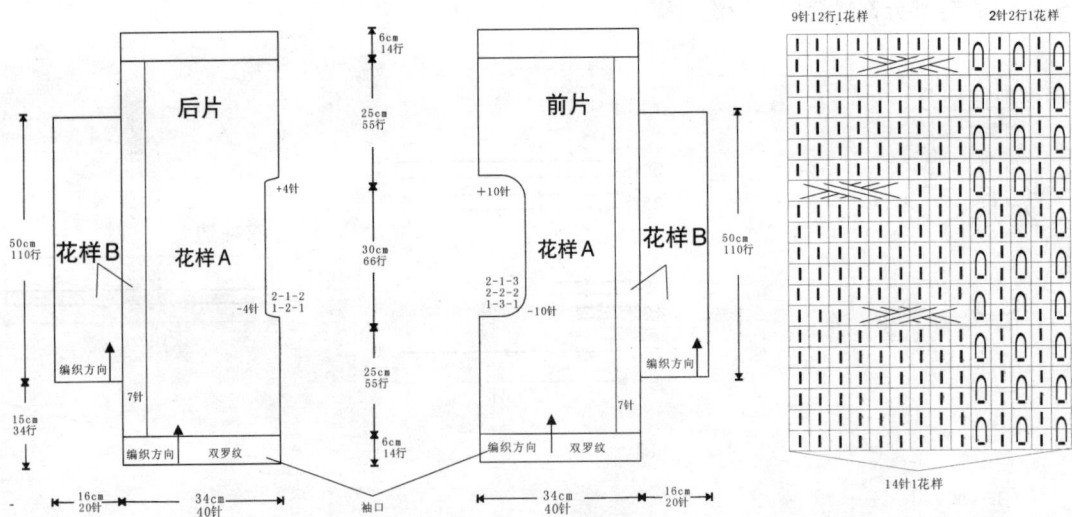

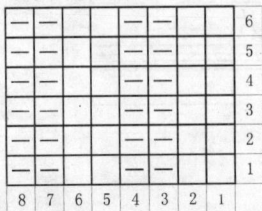

双罗纹图解

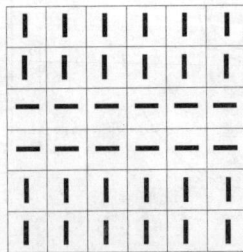

清凉无袖衫

【成品尺寸】 衣长75cm　胸围96cm

【工具】 7号棒针

【材料】 白色圈圈纱620g

【密度】 10cm²：21针×25行

【附件】 纽扣5枚

【制作过程】 单股线编织，背心由前、后片、帽片、袋片组成。

　　1. 后片：起100针双罗纹针编织下针后片，编织到53cm后开始袖窿减针，按结构图减完针后，不加减针编织到74cm时减出后领窝，两肩部各余9cm。

　　2. 前片：起100针双罗纹针编织下针前片，编织35cm时中间平收8针，不加减针编织到53cm后开始袖窿及前领窝减针，按结构图减完针后收针断线。另起针以同样方法完成另一侧前片，减针方向相反。

　　3. 缝合：沿边对应相应位置缝实。另起针，挑织下针帽片，共织32cm，收针断线，沿帽顶对接缝合。另起针连续挑织双罗纹针衣襟边、帽边，一侧留出扣眼位置，下边重叠缝实，钉好纽扣。

　　4. 整理：另起21针下针编织袋片，不加减针共织32行，收针断线，共织两片，贴前片下边沿袋片内侧缝实。

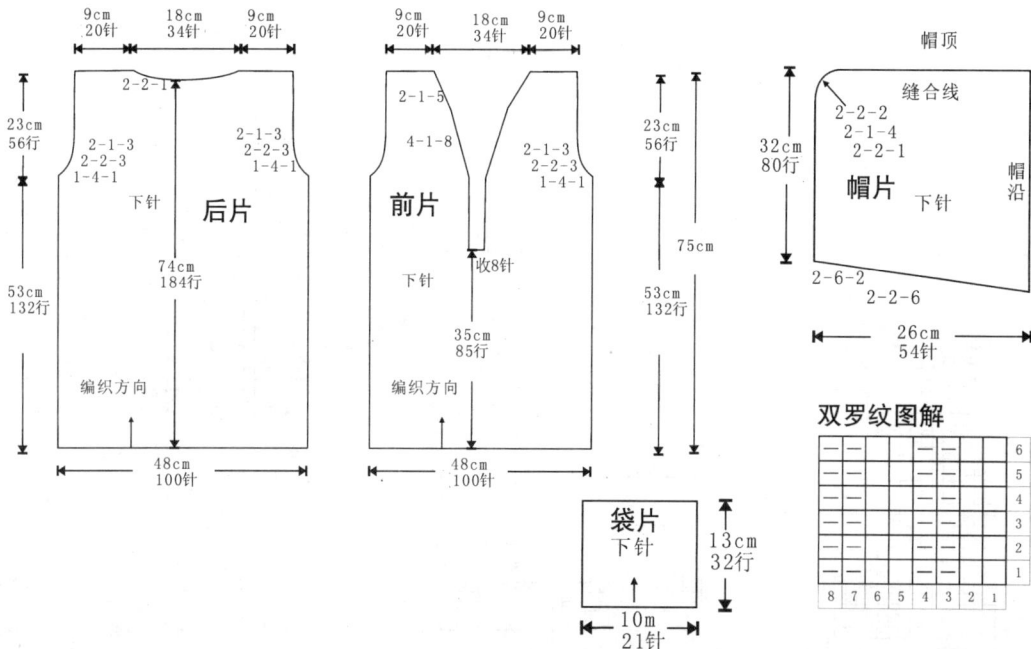

后片

9cm / 20针　18cm / 34针　9cm / 20针

2-2-1

2-1-3 / 2-2-3 / 1-4-1　　2-1-3 / 2-2-3 / 1-4-1

23cm / 56行

下针

53cm / 132行

74cm / 184行

编织方向

48cm / 100针

前片

9cm / 20针　18cm / 34针　9cm / 20针

2-1-5

4-1-8　　2-1-3 / 2-2-3 / 1-4-1

下针

收8针

35cm / 85行

编织方向

48cm / 100针

23cm / 56行

53cm / 132行

75cm

帽片

帽顶

缝合线

2-2-2 / 2-1-4 / 2-2-1

帽片　下针　帽沿

2-6-2

2-2-6

32cm / 80行

26cm / 54针

袋片

下针

10m / 21针

13cm / 32行

双罗纹图解

	8	7	6	5	4	3	2	1	
									6
									5
									4
									3
									2
									1

【成品尺寸】衣长55cm

【工具】5号棒针　小号钩针

【材料】白色棉绒线200g

【密度】10cm²：12针×20行

【附件】子母扣2枚

【制作过程】两股线编织，毛衣由前、后片组成。

　　1. 后片：先按花样A单独完成衣片下摆，再沿边按图示挑织花样C后上片，身长共织40cm后开始袖窿减针，按图示减针后编织到肩部，肩部余8针。

　　2. 前片：同样方法编织花样B前左、右片，织到40cm后同时进行前衣领和袖窿减针。

　　3. 缝合：完成后对应连接肩部、腋下缝合，沿衣襟边钩装饰花边，缝好子母扣。

装饰边钩花

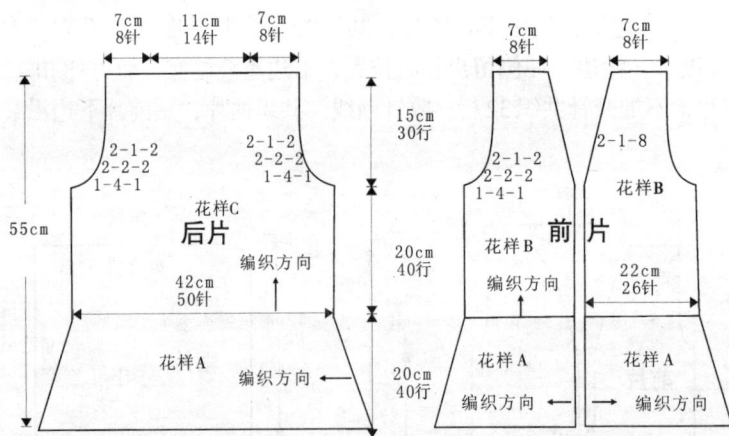

花样A

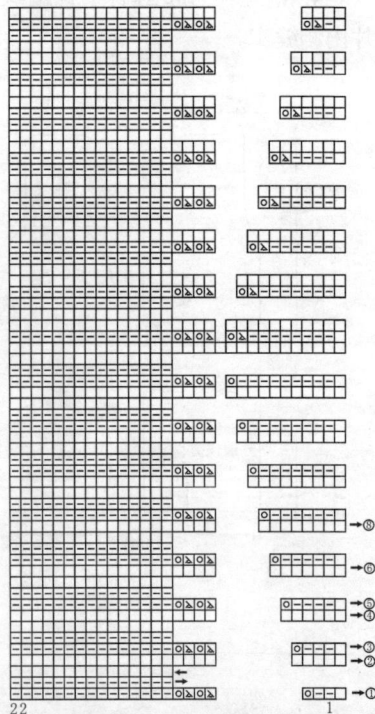

花样B　●=⟨⟩

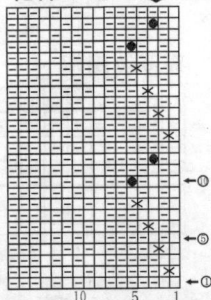

花样C　　●=⟨⟩

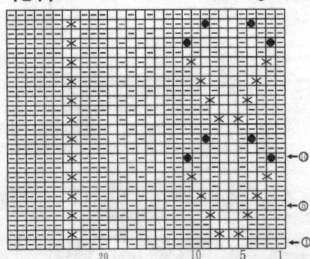

短袖荷叶裙

【成品尺寸】行线部分衣长50cm　胸围84cm　腰围76cm

【工具】5号棒针

【材料】灰色毛线500g

【密度】$10cm^2$：20针×25行

【附件】长拉链1条　同色雪纺纱若干

【制作过程】

1. 前片（左、右两片）：普通起针法起41针（边上两针为缝合针），按花样图解从下往上编织，按下摆减针和下摆加针织出下摆，按前袖窿减针和前领减针织出袖窿和前领。以上织出为左片，再对称织出右片。

2. 后片：普通起针法起42针（边上两针为缝合针），下针从下往上编织，按下摆减针和下摆加针织出下摆，按后袖窿减针和后领减针织出袖窿和前领。

3. 缝合：下摆与肩部缝合；按样式图用缝纫机缝上雪纺纱；在合适位置安上拉链。

前片

4cm / 8针　　12cm / 24针

前领减针
2-1-7
2-2-5
2-3-1
2-4-1
行针次

11cm / 28行

-7针

前袖笼减针
平织28行
4-1-1
2-1-2
2-2-1
平收2针
行针次

17cm / 42行

+5针

14cm / 36行

3cm / 8行

16cm / 40行

-5针

编织方向

C　B　A

21cm / 41针

后片

4cm / 8针　　24cm / 48针　　4cm / 8针

2cm

后领减针
2-1-1
2-2-1
2-3-1
平收36针
行针次

后袖笼减针
平织28行
4-1-1
2-1-2
2-2-1
平收2针
行针次

-10针

织入平针

下摆加针
平织6行
8-1-2
6-1-3
行针次

下摆减针
平织6行
6-1-3
8-1-2
行针次

编织方向

2cm / 6针　　38cm / 74针　　2cm / 6针

花样

C　　B　　A

缝针处　　　　　　缝针处

双罗纹图解

								6
								5
								4
								3
								2
								1
8	7	6	5	4	3	2	1	

【成品尺寸】衣长60cm　胸围84cm　肩宽40cm　袖长40cm

【工具】10mm钢针　2mm钩针

【材料】灰色毛线750g　白色毛线30g

【密度】10cm²：16针×25行

【制作过程】

　　1. 前、后片（两片）：普通起针法起70针编织花样，按下摆减针及腋下加针织出下摆和腋下，按袖窿减针（小燕子减针法）和前领减针织出袖窿和前领。

　　2. 袖片（两片）：普通起针法起46针编织花样，按袖下加针织出袖下，按袖山减针（小燕子收针法）织出袖山。

　　3. 缝合：两片前、后片下摆、腋下缝合，袖片、袖下缝合，前、后片袖窿与袖片、袖山缝合。

　　4. 钩针：衣领处挑针钩三行鱼网针，其他钩针部分看上层图解及下层图解。

前、后片

30cm 48针
-24针
-8针
7cm 18行
6cm 16行　40cm 64针　+3针
6cm 16行　花样
36cm 58针
20cm 50行
编织方向
-6针
43cm 70针

下摆减针
平织6行
6-1-2
8-1-4
行针次

腋下加针
平织4行
4-1-3
行针次

袖窿减针
平织2行
4-2-4
行针次

前领减针
2-1-5
2-2-2
2-3-1
2-4-1
行针次

袖片

24cm 38针
-8针
7cm 18行
34cm 54针
21cm 54行　袖片
花样
28cm 46针

袖山减针
平织2行
4-2-4
行针次

袖下加针
平织10行
10-1-2
12-1-2
行针次

花样

												6
												5
												4
												3
												2
												1
12	11	10	9	8	7	6	5	4	3	2	1	

小燕子减针法

左边　右边

注：都为先交叉，然后两针合并，这两步在同一行进行

上层花样

9白色
8
7
6
5
4
3
2
1

注：衣服底边开始为4行鱼网针

下层花样

11
10
9
8
7
6
5
4
3
2
1

美丽V领无袖衫

【成品尺寸】衣长55cm

【工具】5号棒针　小号钩针

【材料】驼色棉绒线200g

【密度】10cm²：12针×20行

【附件】纽扣2枚

【制作过程】两股线编织，毛衣由前、后片组成。

　　1. 后片：先按花样A单独完成衣片下摆，再沿边按图示挑织花样C后上片，身长共织40cm后开始袖窿减针，按图示减针后编织到肩部，肩部余8针。

　　2. 前片：同样方法编织前左、右片，织到40cm后，同时进行前衣领和袖窿减针。

3. 缝合：完成后对应连接肩部、腋下缝合，沿衣襟边钩装饰花边并留出扣眼位置。缝好纽扣。

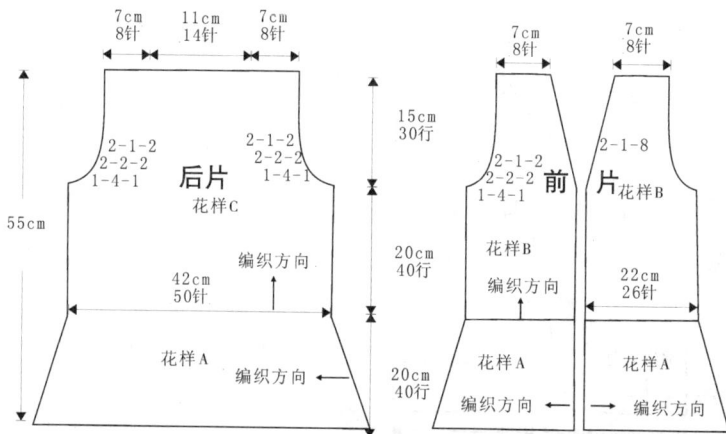

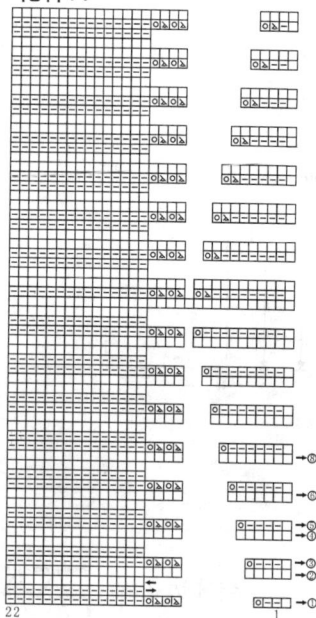

花样A

花样B

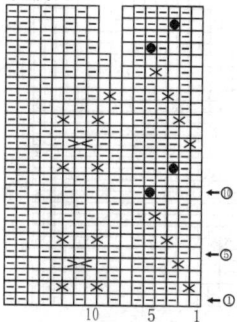

花样C

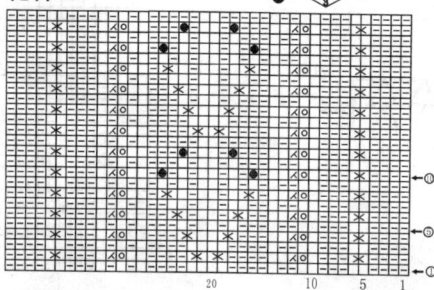

装饰边钩花

185

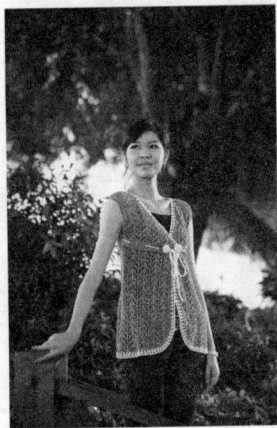

【成品尺寸】衣长60cm　胸围94cm

【工具】7号棒针　5号钩针

【材料】驼色银丝棉绒220g　白色开司米线20g

【密度】10cm²：21针×28行

【附件】纽扣2枚

【制作过程】单股线编织，毛衣由前片、后片组成。

1. 后片：起100针编织花样后片，织至39cm时开始袖窿减针，按结构图减针到肩部。

2. 前片：同样方法起100针编织花样前片，编织到34cm时，改织下针并对折合并编织成双层装饰边装饰，共织14行后继续花样编织，身长共织39cm时同时进行袖窿、前衣领减针，按结构图两侧减完针后收针断线。

3. 缝合：先将前、后片对接缝合，再沿衣边钩织装饰花边，穿入装饰带，钉好纽扣。

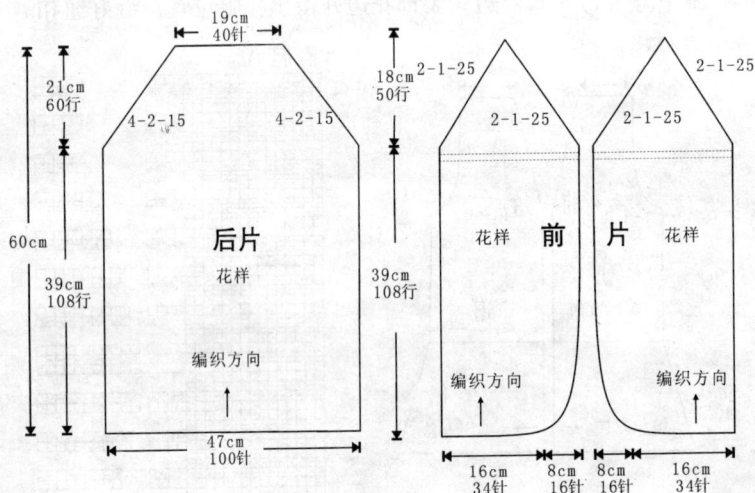

装饰边花样

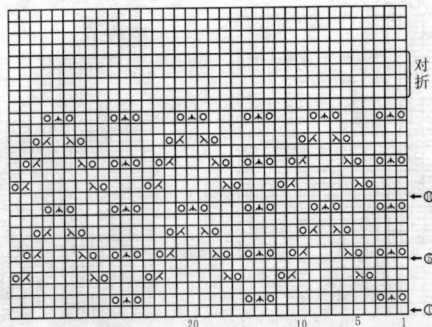

花样

休闲菠萝纹衫

【成品尺寸】衣长56cm　　胸围84cm　　肩宽40cm　　袖长30cm

【工具】7号棒针

【材料】驼色粗棉线650g

【密度】10cm²：13针×20行

【附件】4枚包线圆形纽扣

【制作过程】

1. 前片（左、右两片）：起30针，按花样和单罗纹图解织3cm，按花样和菠萝花图解织36cm，按前领减针和袖窿减针织出前领和袖窿，前领处、花样处不减，在菠萝花处减针。开扣眼：每个扣眼4行，单罗纹与菠萝花交接处开一扣眼，以上每20行开一扣眼。以上织出为左片，再对称织出右片

2. 后片：起54针，单罗纹织入3cm，菠萝花织36cm，按袖窿减针织出袖窿，不用开领织17cm后直接收针。

3. 袖片（两片）：起42针，单罗纹织入3cm，按袖下加针及菠萝花图解织14cm，并按袖山减针织13cm后收针。

4. 整理：两片前片和后片肩部、腋下缝合；装袖；在合适位置安上纽扣。

说明：起针开头，结尾针都为缝合针。前片花样，后一针为一下针，并不在菠萝花以内。

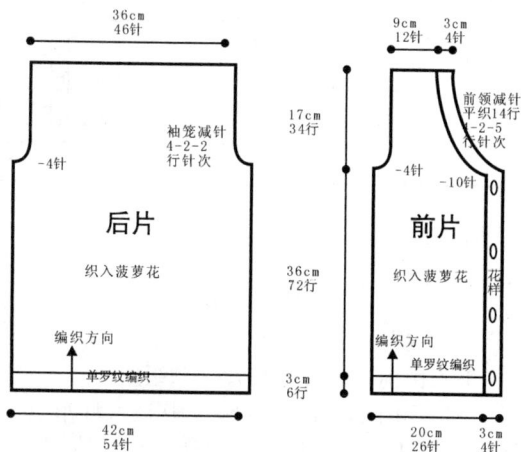

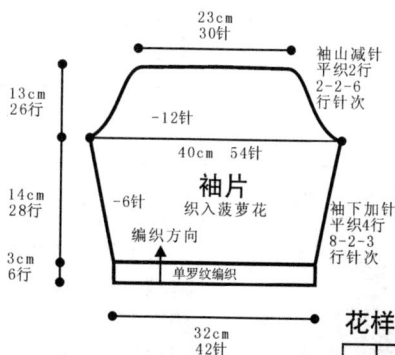

后片
36cm 46针
17cm 34行
袖笼减针 4-2-2 行针次
-4针
织入菠萝花
编织方向
单罗纹编织
42cm 54针
36cm 72行
3cm 6行

前片
9cm 12针　　3cm 4针
前领减针 平织14行 2-2-5 行针次
-4针　　-10针
织入菠萝花
编织方向
单罗纹编织
20cm 26针　　3cm 4针
36cm 72行
3cm 6行
花样
O O

袖片
23cm 30针
袖山减针 平织2行 2-2-6 行针次
-12针
40cm 54针
织入菠萝花
13cm 26行
14cm 28行
3cm 6行
-6针
编织方向
袖下加针 平织4行 8-2-3 行针次
单罗纹编织
32cm 42针

单罗纹图解
4 3 2 1
8 7 6 5 4 3 2 1

菠萝花图解
8
4
1
14 13　　10 9　　4 1
注：4行4针一个花样

花样
8
4
1
4 1

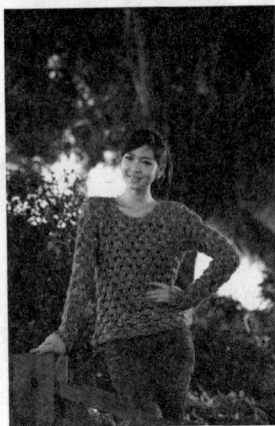

【成品尺寸】衣长56cm　胸围84cm　肩宽38cm　袖长58cm

【工具】7号棒针

【材料】含金丝毛线600g

【密度】10cm²：12针×15行

【制作过程】

1. 前片：普通起针法起50针，花样编织36cm，按袖窿减针及前领减针织出袖窿和前领。

2. 后片：编织方法与前片类似，不同之处为不用开领。

3. 袖片（两片）：普通起针法起30针，按袖下加针花样编织45cm，按袖山减针织出袖山。

4. 整理：将前片、后片两片缝合，注意花纹连接处；袖下缝合；装袖。

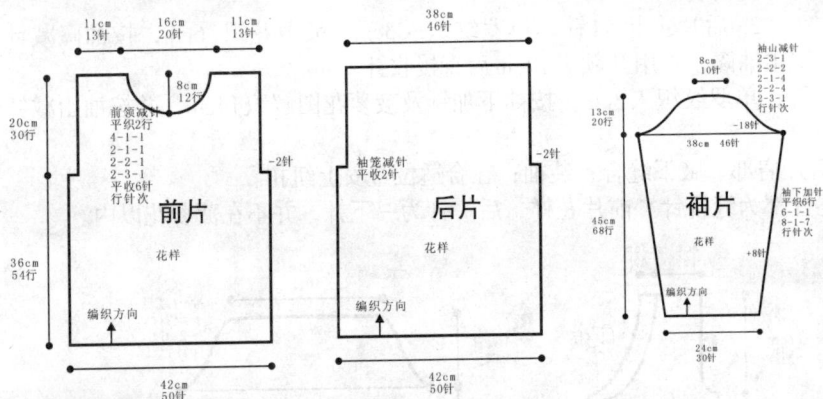

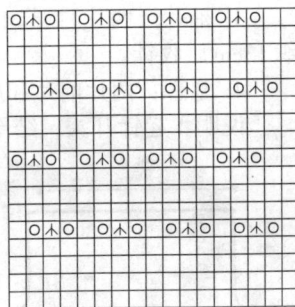

花样

花样镂空毛衫

【成品尺寸】衣长58cm　袖长58cm

【工具】7mm棒针　5mm棒针

【材料】米色粗毛线500g

【密度】10cm²：7针×12行

【制作过程】单股线编织，毛衣由前、后片、袖片、领组成。

1. 前片、后片：编织方法相同，用7mm棒针中心点环形起针24针，按编织花样图解加针，编织成6边形的片，再按结构图所示加针编织双罗纹补齐衣边。

2. 袖片：用5mm棒针，从袖口起28针双罗纹针编织边后编织反针，按结构图所示均匀加针，编织25cm后开始袖山减针，按图所示 减针后余36针，断线。同样方法再完成另一片袖片。

3. 缝合：沿边对应相应位置缝实。

4. 领：按衣身对应针数挑起编织双罗纹，按图减针收边断线。

前、后片

2片
花样编织
7mm棒针

25cm
18针

50cm
60行

25cm
30行

挑起2针
平织2行
4-1-7
平织2行

+9针

7mm棒针
双罗纹

编织方向

8cm
10行

50cm
36针

25cm
30行

25cm
30行

33cm
42行

8cm
10行

袖片

余36针

反针
7mm棒针

-15针
2-1-15

+15针
2-1-15

+6针

5mm棒针
编织方向
双罗纹

22cm
28针

领

7mm棒针
(14行)

编织方向
双罗纹

平2行
2-1-4
4-1-1

25cm
(18针)

双罗纹图解

								6
								5
								4
								3
								2
								1
8	7	6	5	4	3	2	1	

花样

【成品尺寸】衣长50cm　领围52cm

【工具】7号棒针　3mm钩针　环形针

【材料】米白色毛线450g

【密度】$10cm^2$：19针×16行

【制作过程】

1. 起针：钩针圈圈起针，钩12个短针，用针挑12针，织两行下针后按花样图编织。

2. 缝合：织完4片后，将一片前片、一片后片、两片袖片，按样式图缝合。

3. 领：缝合后挑76针，单罗纹针编织3cm。

花样图

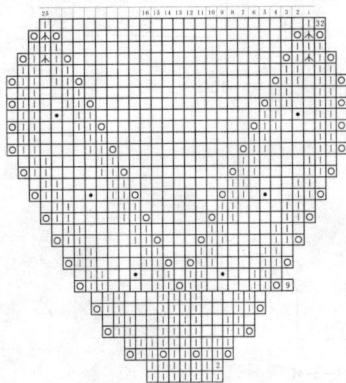

结构图

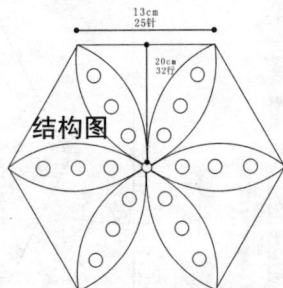

单罗纹图解

							6
							5
							4
							3
							2
							1
8	7	6	5	4	3	2	1

【成品尺寸】衣长57cm　胸围98cm

【工具】5号棒针

【材料】白色棉涤线520g

【密度】10cm²：11针×24行

【制作过程】三股线编织，毛衣由前、后片组成。

1. 后片：起54针编织花样B单侧后片，一侧减针收腰，一侧不加减针编织，织24cm后收针，同样方法完成另一侧后片。然后将两后片连接成一片编织，织6cm后两侧袖窿加针，织48cm时开始后领减针，身长织52cm，进行肩部袖片减针，按图完成所有加减针后，身长共织57cm。

2. 前片：起54针编织花样A前片，两侧减针收腰，编织到40cm时，按后片加减针方法编织。

3. 缝合：将前后片对接缝合。沿领窝挑织上下针领边。

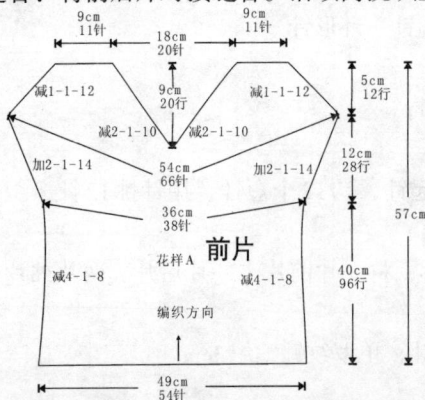

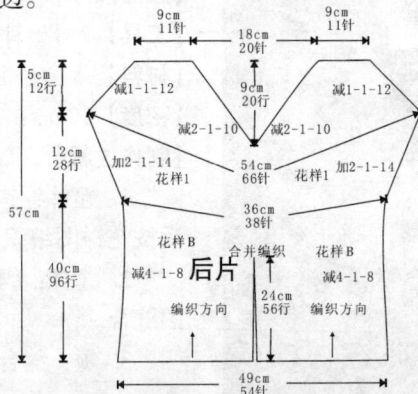

花样A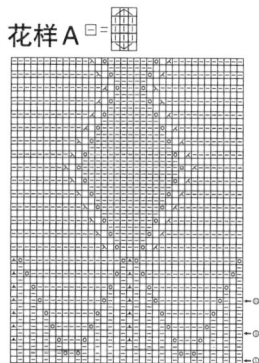

花样B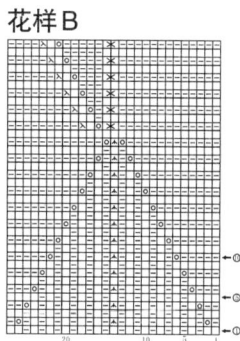

时髦花式短袖衫

【成品尺寸】衣长50cm　胸围90cm　肩宽38cm

【工具】5mm棒针

【材料】夹丝粗毛线400g

【密度】10cm²：16针×20行

【制作过程】

　　1. 后片：起60针从上往下织编织花样，两侧如图所示进行加针，加出袖窿。然后不加不减继续编织，注意按图示在对应的地方分开织花形的两条分叉。

　　2. 前片：左、右肩分别起14针编织花样并如图所示进行袖窿和前领的加针，完成后合在一起继续往下织，注意在图示对应的地方分开织花形的两条分叉。

　　3. 缝合：将前、后片缝合在一起。下摆里面缝好已经裁好的雪纺纱。

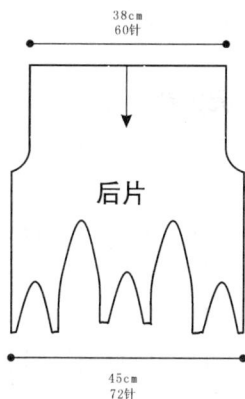

后片

38cm
60针

20cm
40行

30cm
60行

45cm
72针

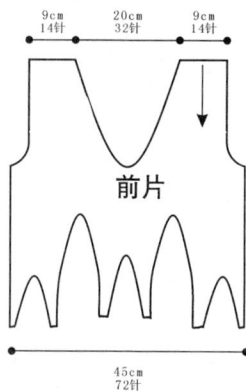

前片

9cm
14针　　20cm
32针　　9cm
14针

袖笼加针
34行平织
2-1-3
3针平加

前领加针
8行平织
2-1-4
2-2-1
2-3-2
2-4-1
3针停织

45cm
72针

花样

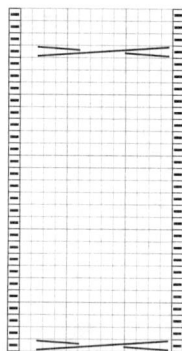

【成品尺寸】衣长76cm　胸围90cm　肩宽37cm

【工具】2.25mm棒针

【材料】夹丝细毛线500g

【密度】10cm²：26针×32行

【制作过程】

1. 后片：起130针编织2cm单罗纹后改织平针，编织32cm后分散减去12针，改织双罗纹针6cm（注意留出洞眼方便面穿带子），再织平针18cm后如图所示收袖窿，在离裙长4cm时收后领。

2. 前片：编织方法与后片相同，在收袖窿后再织3cm，收前领。

3. 袖片：起88针，先织2cm双罗纹针，然后如图所示收袖山。

4. 装饰条：起14针编织元宝针32cm，编织5条，然后按图示缝合在前片腰上的双罗纹下面，并分别用2个纽扣把装饰片分成3份。

5. 收尾：织一条1.5m的带子从腰间穿过，然后在两头各装一个小球。

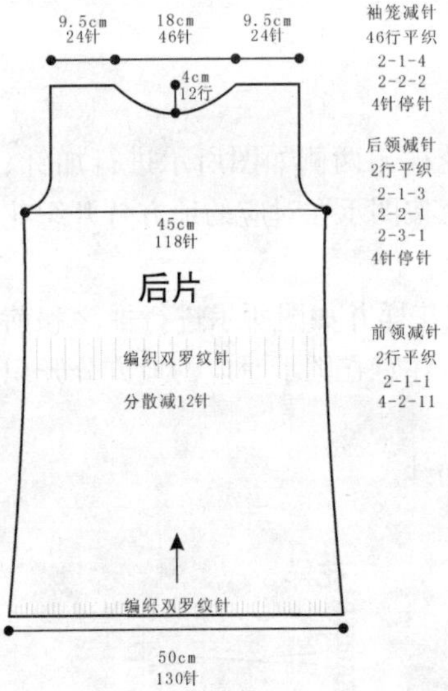

9.5cm 24针　18cm 46针　9.5cm 24针

4cm 12行

袖笼减针
46行平织
2-1-4
2-2-2
4针停针

后领减针
2行平织
2-1-3
2-2-1
2-3-1
4针停针

45cm 118针

后片

编织双罗纹针

分散减12针

编织双罗纹针

50cm 130针

9.5cm 24针　18cm 46针　9.5cm 24针

15cm 48行

18cm 58行

18cm 58行

45cm 118针

前片

前领减针
2行平织
2-1-1
4-2-11

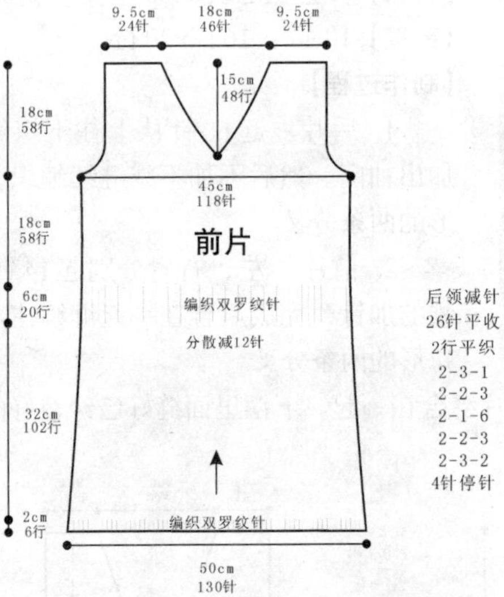

6cm 20行

编织双罗纹针

分散减12针

32cm 102行

2cm 6行

编织双罗纹针

50cm 130针

后领减针
26针平收
2行平织
2-3-1
2-2-3
2-1-6
2-2-3
2-3-2
4针停针

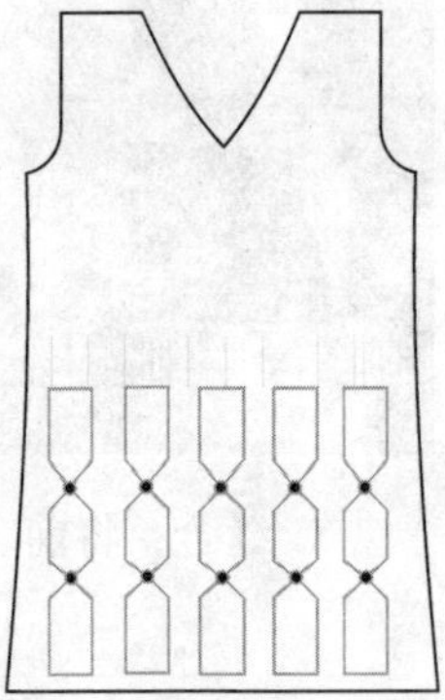

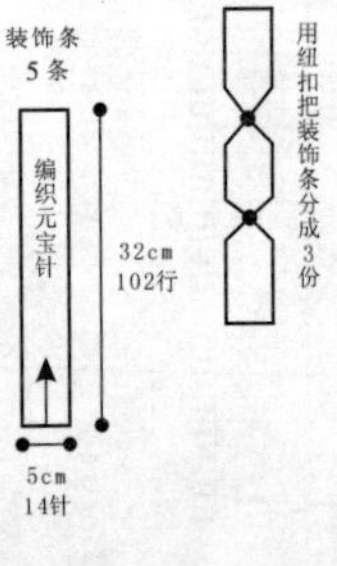

装饰条
5条

编织元宝针

32cm 102行

用纽扣把装饰条分成3份

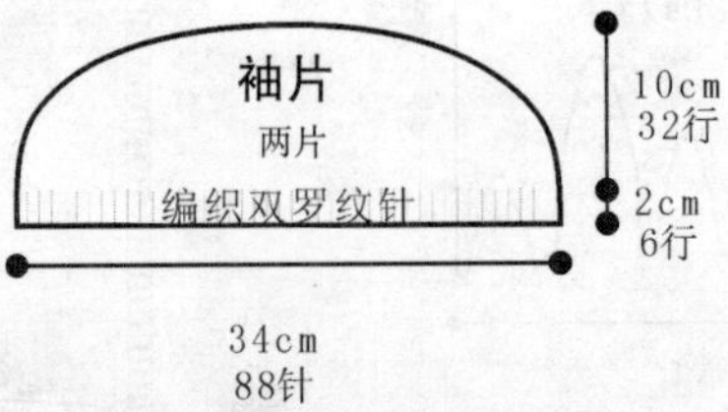

5cm 14针

袖片
两片

编织双罗纹针

34cm 88针

10cm 32行

2cm 6行

单罗纹图解

8	7	6	5	4	3	2	1

6
5
4
3
2
1

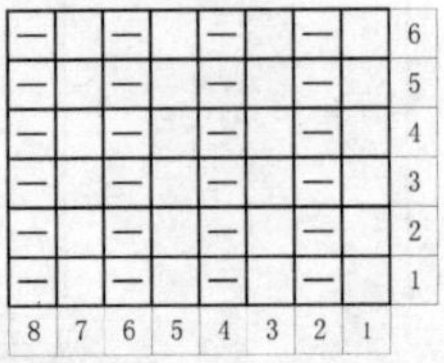

元宝针针法

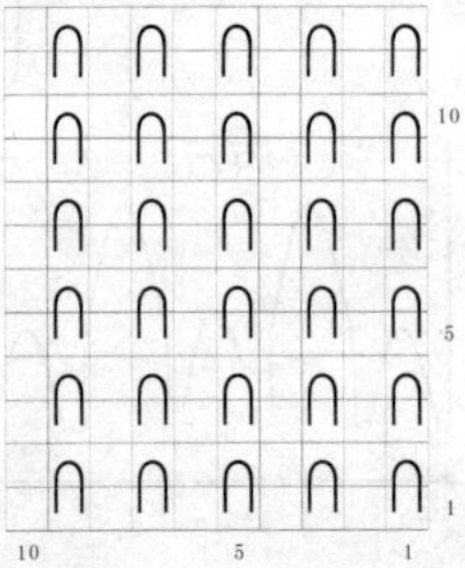

舒适圆领薄衫

【成品尺寸】 衣长57cm　袖长54cm　胸围98cm

【工具】 7号棒针　5号钩针

【材料】 浅驼色棉麻线480g

【密度】 10cm²：21针×25行

【附件】 纽扣2枚　装饰檀香珠18颗

【制作过程】 两股线编织，毛衣由前、后片、袖片组成。

　　1. 后片：起100针编织单罗纹针下边，再编织下针后片，共编织到35cm时开始袖窿减针，按结构图减完针后，不加减针编织到56cm时减出后领窝，两肩部各余10cm。

　　2. 前片：起52针完成双罗纹针后编织花样前片，花样变换处加入檀香珠装饰，编织到35cm时进行袖窿减针，共编织到49cm时进行前衣领减针，按结构图减完针后收针断线。同样方法完成另一侧前片，减针方向相反。

　3. 袖片：起60针单罗纹针编织下针袖片，按结构图所示均匀加针编织，编织45cm后开始袖山减针，按图所示减针后余20针，断线。同样方法再完成另一片袖片。

　4. 缝合：沿边对应相应位置缝实。另起针钩织衣襟装饰边，完成后缝好纽扣。

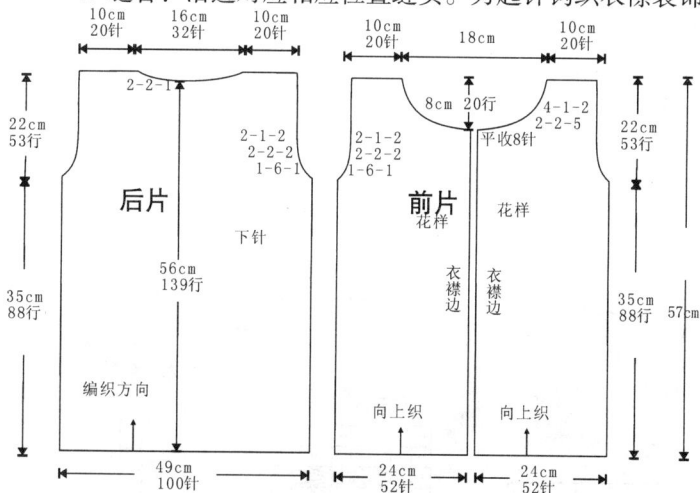

花样

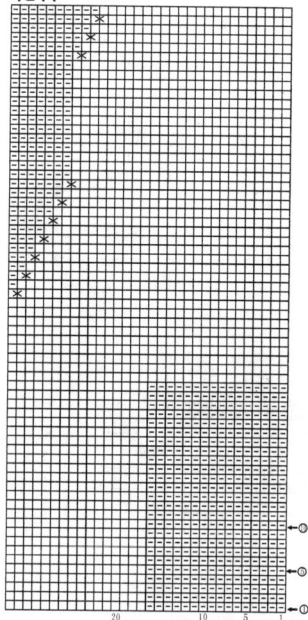

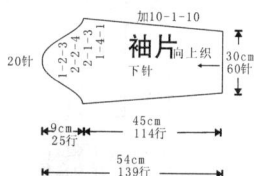

单罗纹图解

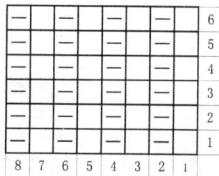

双罗纹图解

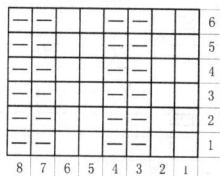

193

【成品尺寸】衣长50cm　胸围90cm　肩宽40cm　袖长40cm

【工具】5号棒针

【材料】白色毛线600g　黑色毛线50g

【密度】10cm²：24针×29行

【制作过程】

　　1. 前片：普通起针法起138针按花样A编织10cm，花样B和下针按图解加减针编织，注意花样C为a部分减为一针时与旁边2针组合而成花样。

　　2. 后片：普通起针法起138针按花样A编织10cm，按下摆边减针及加针织出腋下部分，按后袖窿减针（小燕子收针法）及后领减针织出袖窿和后领。

　3. 袖片（两片）：用白线不卷边起针法起78针，换黑线织2行后再换白线下针织入，织袖山时特别注意左袖窿和右袖窿不同之处，见两者减针，织出袖片。

　4. 缝合：身片、腋下缝合；袖片、袖下缝合；身片袖窿与袖片、袖山缝合。

　5. 领：前领、后领、袖片各挑86针、56针、40针，共222针。按衣领花样图解编织，织14行。

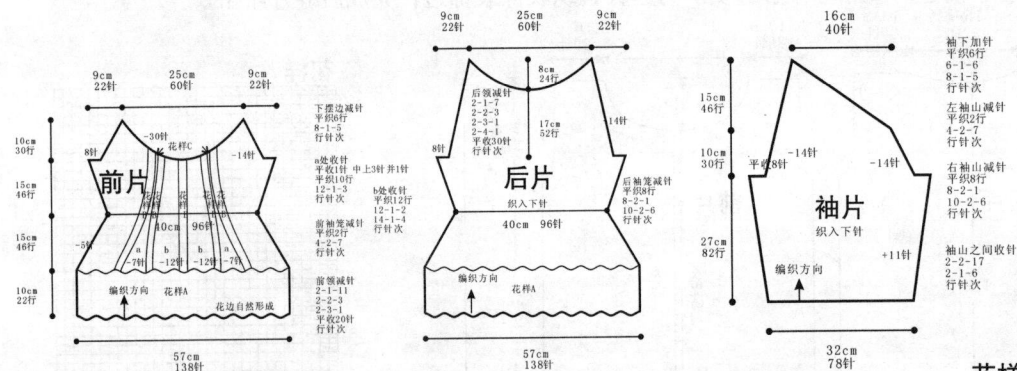

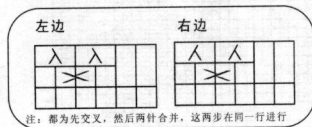

小燕子收针法

花样A

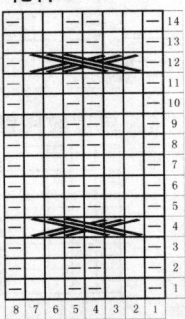

花样B

花样C

衣领花样

注：单数行为黑色
　　双数行为白色

白色Ｖ领长袖衫

【成品尺寸】衣长55cm　袖长45cm　胸围90cm

【工具】9号棒针　2.5mm钩针

【材料】白色中粗毛线400g

【密度】10cm²：20针×33行

【制作过程】单股线编织，毛衣由前、后片、袖片组成。

1. 后片：起90针单罗纹针边后编织平针，编织35cm后开始袖窿减针，按结构图减完针后不加减针编织到肩部，两肩部各余7cm。

2. 前片：起90针单罗纹针织边后编织花样，编织到35cm时开始袖窿减针、前领窝减针，按结构图减完针后收针断线。

3. 袖片：从袖口起74针单罗纹针边后编织平针，按结构图所示均匀加针，编织36cm后开始袖山减针，按图所示减针后余24针，断线。同样方法再完成另一片袖片。双辫子针钩织装饰带。

4. 缝合：领口挑起织单罗纹，沿边对应相应位置缝实。

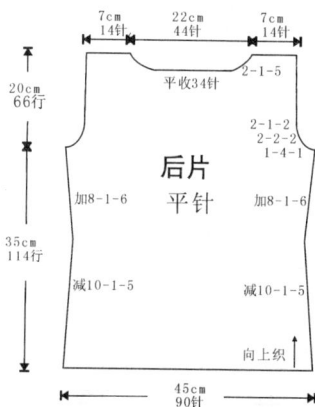

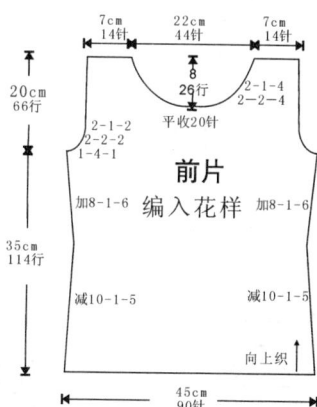

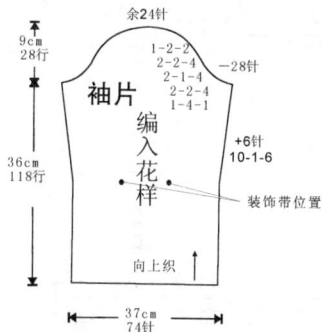

单罗纹图解

花样

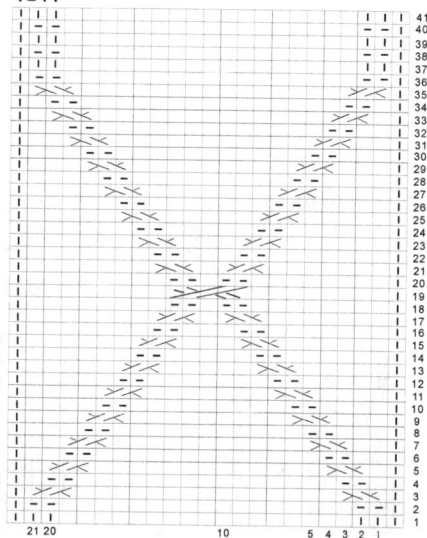

【成品尺寸】衣长56cm　胸围86cm　肩宽38cm　袖长58cm

【工具】13mm钢针　14mm钢针　2mm钩针

【材料】白色毛线750g

【密度】10cm²：33针×50行

【制作过程】

1. 前片：用14mm钢针编织，双罗纹针起140针，双罗纹编织5cm，换13mm钢针花样A编织33cm，按袖窿减针及前领减针织出前领和袖窿，用钩针按缘编织把衣领边钩好。

2. 后片：编织方法与前片类似，不同之处为后领开领，后领处按后领花样图解用钩针钩好。

3. 袖片（两片）：用14mm钢针双罗纹针起72针，双罗纹编织5cm，换13mm钢针按花样A及袖下加针编织40cm，按袖山减针织出袖山。

4. 缝合：前、后片肩部、腋下缝合，注意花纹连接处；两只袖子、袖下缝合，装袖。

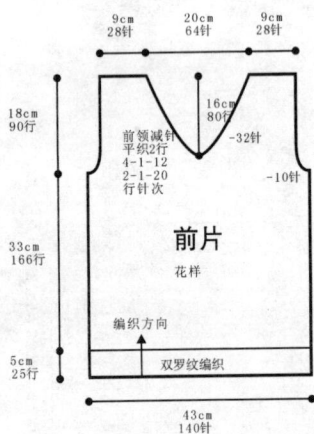

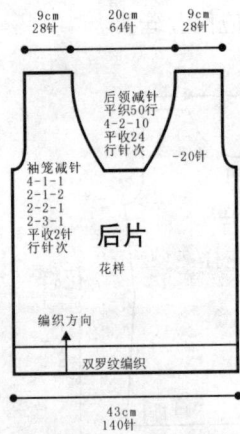

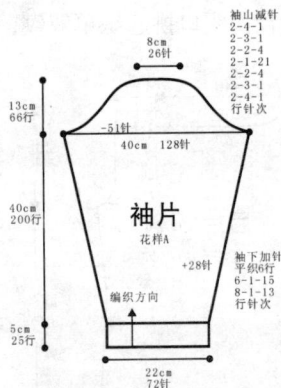

后领花样图解

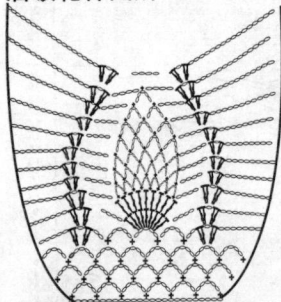

缘编织

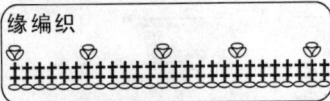

双罗纹图解

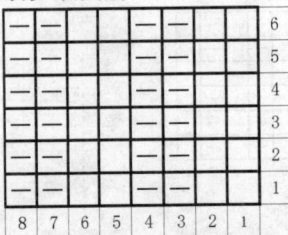

花样

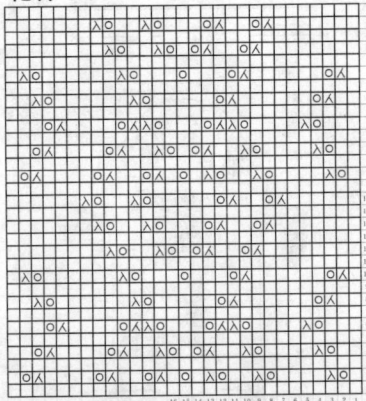

196

紧身立领长装

【成品尺寸】衣长85cm　胸围96cm

【工具】7号棒针　12号棒针

【材料】蓝色牛奶绒线200g　蓝色开司米线120g

【密度】10cm²：40针×25行

【制作过程】单股线编织，毛衣由前、后片的上、下片缝合而成。

　　1. 后片：用细针开司米线起192针双罗纹针边，然后编织下针后下片，两侧减针收腰，身长共织50cm后收针断线。用粗针粗线起96针编织花样后上片，不加减针织15cm后两侧袖窿减针，按图减针后肩部余16针，后上片共织34cm时减出后领窝。

　　2. 前片：同样方法完成前片，前上片共编织27cm时进行前衣领减针，按结构图减完针后收针断线。

　　3. 领：沿领窝挑织双罗纹针领边，长度按个人需要确定，此款共织18cm。挑织完成双罗纹针袖窿边。

4. 缝合：先将上、下片对应缝合，再将前后片对应相应缝实。

双罗纹图解

花样

197

【成品尺寸】 衣长62cm　胸围84cm　肩宽34cm

【工具】3mm棒针

【材料】棉线350g

【密度】10cm²：35针×52行

【制作过程】

　　1. 前、后片：后片上半部分用3mm棒针起224针，从下往上片织，织到25cm处开后领，按图解编织。前片上半部分起224针，织下针，织到18.5cm开前领，按图解编织。B部分与C部分分别按图编织。

　　2. 缝合：前、后片缝合，A部分打褶后与B缝合后，B与C缝合。按图挑领子编织。清洗，熨烫。

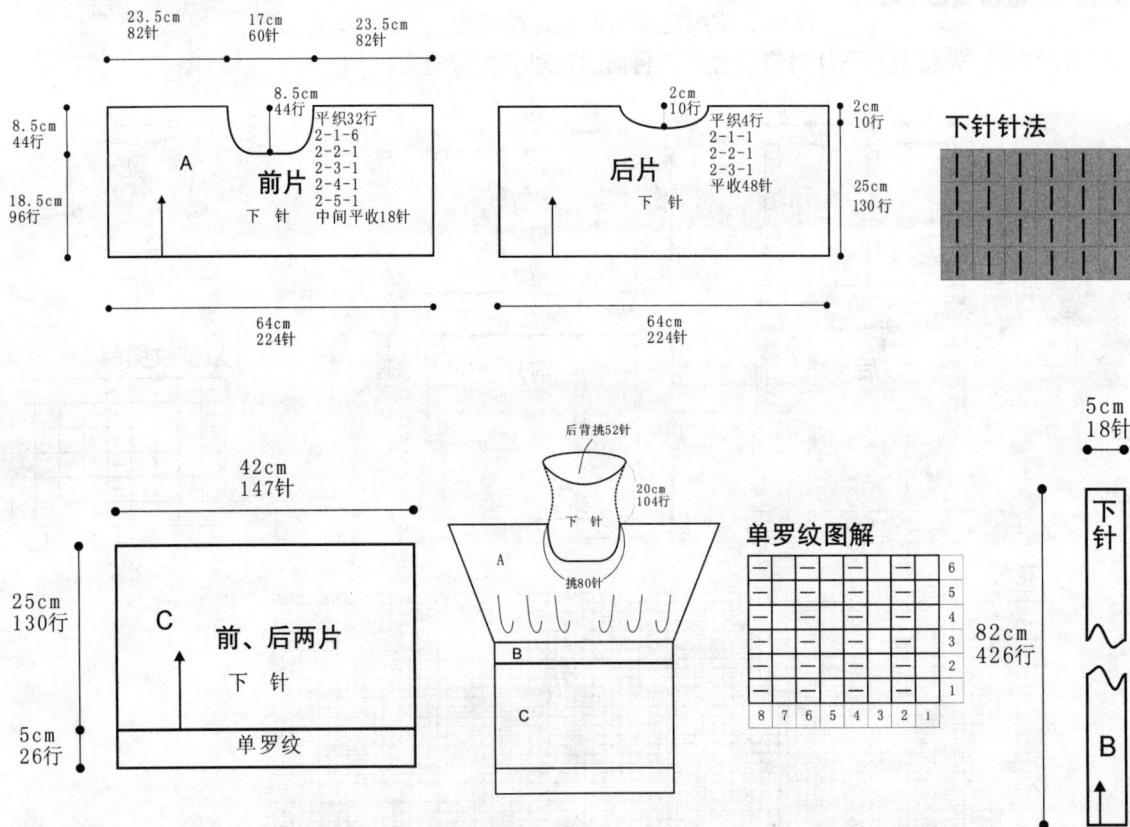

23.5cm 82针　　17cm 60针　　23.5cm 82针

8.5cm 44行

8.5cm 44行

18.5cm 96行

前片

下　针

A

平织32行
2-1-6
2-2-1
2-3-1
2-4-1
2-5-1
中间平收18针

64cm 224针

2cm 10行

2cm 10行

25cm 130行

后片

下　针

平织4行
2-1-1
2-2-1
2-3-1
平收48针

64cm 224针

下针针法

42cm 147针

25cm 130行

5cm 26行

前、后两片

下　针

C

单罗纹

后背挑52针

20cm 104行

下　针

挑80针

A

B

C

单罗纹图解

								6
								5
								4
								3
								2
								1
8	7	6	5	4	3	2	1	

5cm 18针

82cm 426行

下针

B

优雅黑色束腰装

【成品尺寸】衣长75cm　胸围86cm　腰围76cm　臀围94cm　肩宽40cm　袖长28cm

【工具】12mm钢针　13mm钢针

【材料】黑色毛线900g

【密度】10cm²：26针×40行

【制作过程】

　　1. 前、后片（两片）：都为单元宝针法。用12mm钢针编织，普通起针法起122针，按下摆减针织5cm，不加不减织4cm，按腋下加针织18cm，按袖窿减针（小燕子收针法）和领减针织出袖窿和领。因前后身片相同，再用相同方法织一片。

　　2. 袖片（两片）：为单元宝针法。用12mm钢针编织，普通起针法起72针，按袖下加针织21cm，按袖山减针（小燕子收针法）织出袖山。

　3. 缝合：两片身片腋下、下摆缝合；缝合袖子；身片袖窿与袖片、袖山缝合。

　4. 领：用13mm钢针在身片上挑72针、袖片64针，共挑268针。单罗纹编织10cm后用单罗纹针收针。

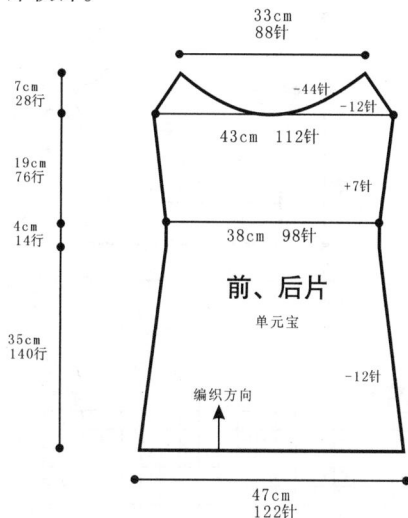

前、后片
单元宝
编织方向

33cm 88针
7cm 28行
−44针
−12针
43cm 112针
+7针
19cm 76行
4cm 14行
38cm 98针
35cm 140行
−12针
47cm 122针

下摆减针
平织10行
10-1-7
12-1-5
行针次

腋下加针
平织8行
8-1-1
10-1-6
行针次

袖笼减针
平织4行
4-2-6
行针次

领减针
2-1-3
2-2-8
2-3-2
2-4-1
平收30针
行针次

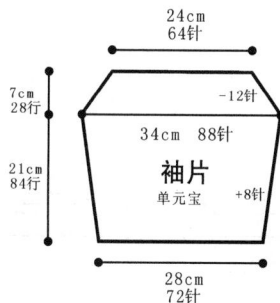

袖片
单元宝

24cm 64针
7cm 28行
−12针
34cm 88针
21cm 84行
+8针
28cm 72针

袖山减针
平织4行
4-2-6
行针次

袖下加针
平织8行
8-1-2
10-1-6
行针次

小燕子收针法

左边　　　右边

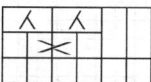

注：都为先交叉，然后两针合并，这两步在同一行进行

单罗纹图解

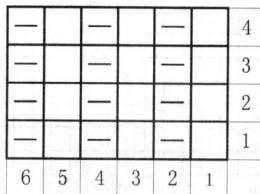

单元宝针图解

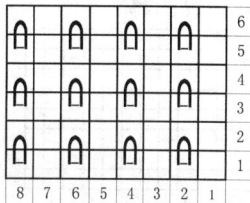

199

【成品尺寸】衣长77cm　胸围86cm　肩宽40cm　臀围94cm
【工具】13mm钢针
【材料】灰色毛线1100g　天蓝色毛线5g
【密度】10cm²：37针×50行
【制作过程】

　　1. 前片：普通起针法起176针，下针编织4cm后按花样A和下摆减针编织，织到胸下按胸下加针编织及花样B编织，织15cm后按前领减针和袖窿减针织出前领和袖窿，下针处4cm对折缝合。

　　2. 后片：编织方法与前片类似，不同之处为后领开领处，按后领减针织出后领窝。

　　3. 袖片（两片）：双罗纹针起118针，双罗纹编织16cm，下针织入并按袖下加针织11cm，按袖山减针下针织入，双罗纹处向外翻折不用缝合。

　4. 缝合：肩部和腋下缝合；装袖；挑领前领和后领各挑178针和90针，织入下针4cm、2cm处用天蓝色行线织4行，织好后对折并缝合。

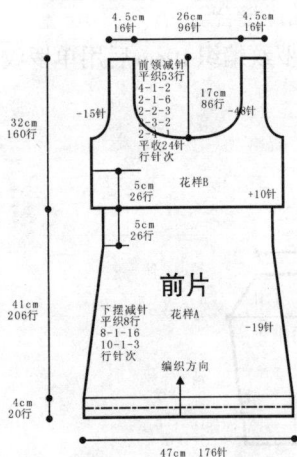

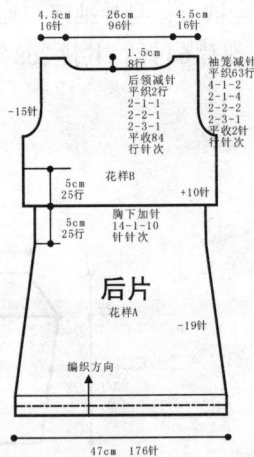

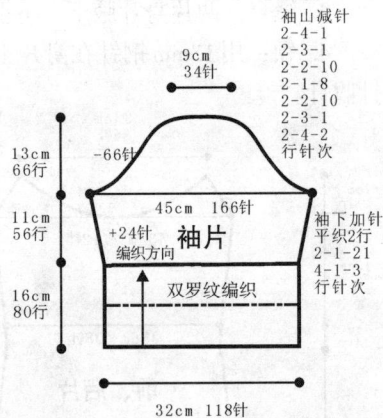

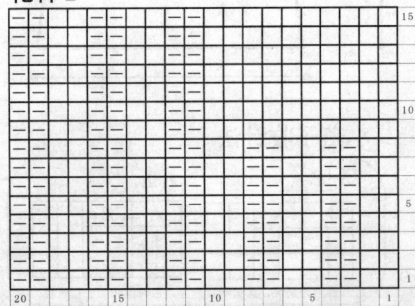

双罗纹图解

花样A

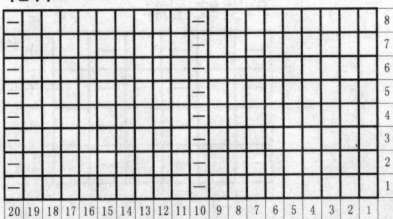

花样B

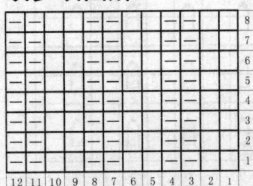

200

清新系带中袖衫

【成品尺寸】衣长61cm　胸围86cm　肩宽33cm　袖长36cm

【工具】3.25mm棒针　3mm棒针

【材料】白色棉280g

【密度】10cm²：32针×36行

【制作过程】

1. 前、后片：用3.25mm棒针起276针，从下往上圈织花样B，织到6cm处织花样A，按图解两边同时收针，织到25cm处换3mm棒针编织下针。从里部挑出相同针数织双层，前面正中腰部系带处按图编织。两层织到相同高度后并针，用3.25mm棒针织到8cm处开挂肩，前后分别开挂肩，按图解编织。

2. 袖片：用3mm棒针起86针，从下往上织3cm单罗纹，换3.25mm棒针织下针，挂肩减针等按图解编织。

3. 缝合：前、后肩部缝合，袖片跟衣身缝合，按图解挑领子。衣袖带子缝在里面，扣子缝在外面。带子按图编织，织到所需长度。腰部带子穿上，清洗，熨烫。

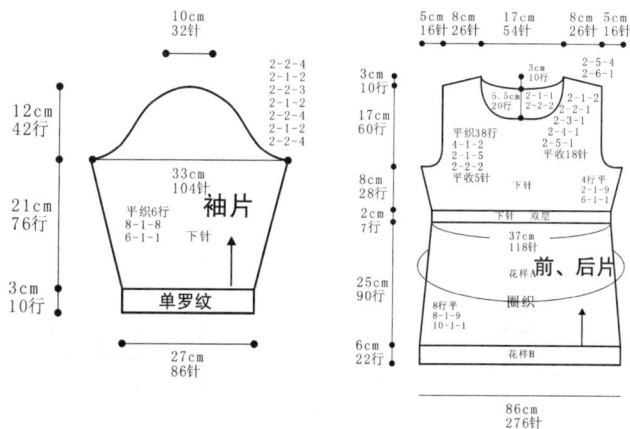

前、后片

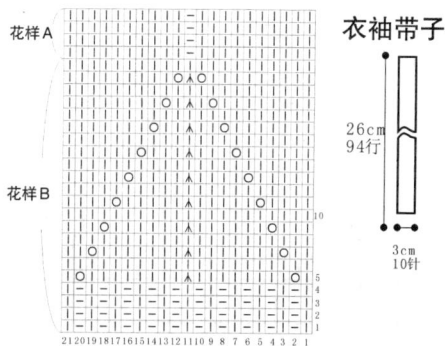

花样A　花样B　衣袖带子

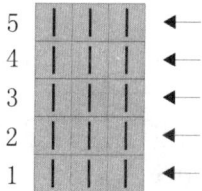

带子的织法

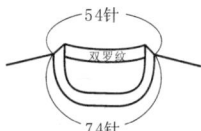

腰部系带处

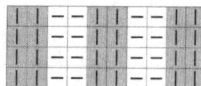

双罗纹图解

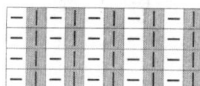

单罗纹图解

【成品尺寸】衣长82cm　胸围86cm　肩宽40cm　臀围94cm　袖长60cm

【工具】13mm钢针

【材料】青色羊毛线950g

【密度】10cm²：42针×50行

【附件】2枚包线圆形纽扣　毛线球2个

【制作过程】

　　1. 前片：双罗纹针起180针，双罗纹编织（见图解），织至3cm后开线眼，每14针开一线眼编至6cm后分片打，每80针一片，按花样A先编右片，织6cm后开领并挂肩，减针分别见袖窿减针及前领减针，织19cm，再对称织出左片。

　　2. 后片：双罗纹针起180针，双罗纹编织，织至3cm后开线眼，每14针开一线眼编至6cm，按花样B编织6cm后挂肩，织17.5cm后开领。

　　3. 下摆（两片）：普通起针法起200针，下针编织4cm；花样B编织47cm；下针编织处翻折缝合。

　　4. 袖片（两片）：普通起针法起92针，下针编织4cm；上针织入并按袖下加针织43cm；按袖山减针编织袖山；下针编织处翻折缝合。

　　5. 毛线球：织一条系带及两个毛线球（见图解）。

　　6. 缝合：前、后片肩部、腋下缝合后挑领，从前片分片处开始，前领和后领分别挑188针和76针。织2cm下针，翻折并缝合，同袖片下针处。前片肩下部分缝合；缝合两片下摆；袖片、袖下缝合，装袖；在合适位置装上2枚包线圆形纽扣；穿好系带及毛线球。

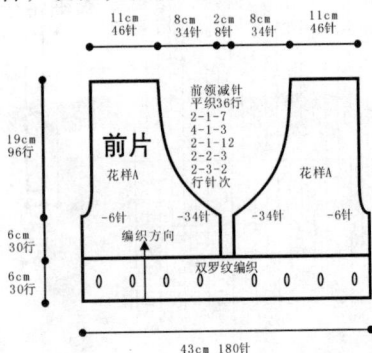

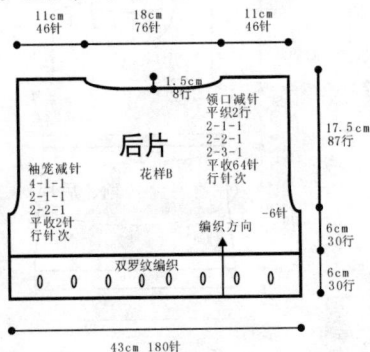

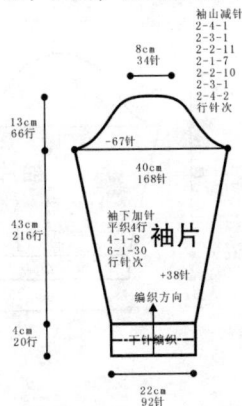

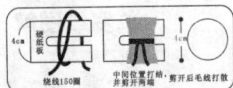

毛线球制作

双罗纹图解

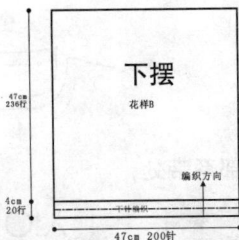

下摆

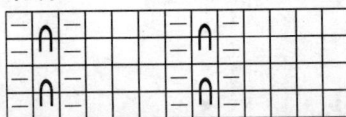

花样

花样A：每24针上针后一针延伸针
花样B：每14针上针后一针延伸针

素雅镂空毛衫

【成品尺寸】衣长70cm　胸围94cm　连肩袖长25cm

【工具】1.7mm棒针

【材料】紫色纯羊毛线

【密度】10cm²：44针×55行

【制作过程】1. 前片：按图起针，织12cm单罗纹后，改织花样，织至完成，腋窝和领窝按图加减针。

2. 后片：按图起针，织12cm单罗纹后，改织花样，织至完成，腋窝和领窝按图加减针。

3. 缝合：全部缝合。袖口另织好，与衣袖褶边缝合。

4. 领：挑针，织5cm单罗纹，形成圆领。

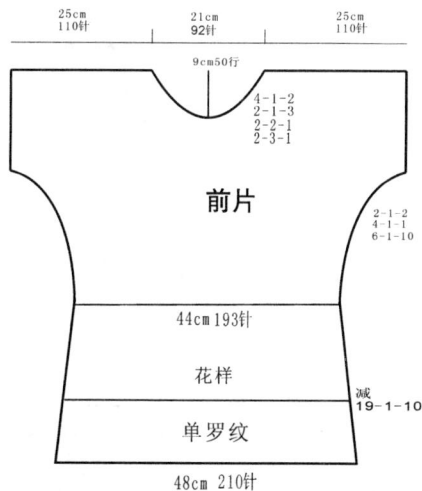

25cm 110针　21cm 92针　25cm 110针

9cm50行

4-1-2
2-1-3
2-2-1
2-3-1

前片

2-1-2
4-1-1
6-1-10

44cm193针

花样

单罗纹

减 19-1-10

48cm 210针

9cm 50行

10cm 55行

23cm 126行

16cm 88行

12cm 66行

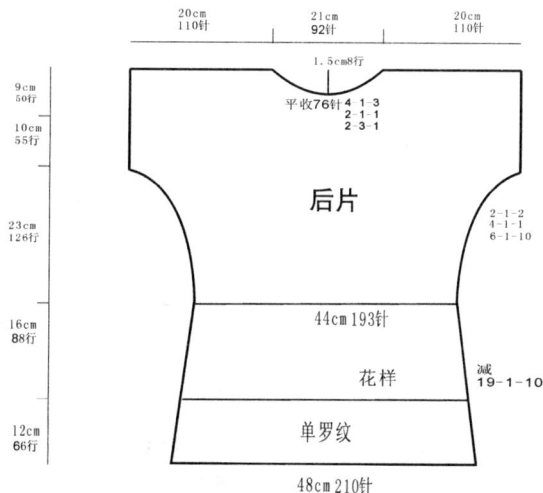

20cm 110针　21cm 92针　20cm 110针

1.5cm8行

平收76针 4 1-3
2-1-1
2-3-1

后片

2-1-2
4-1-1
6-1-10

44cm193针

花样

单罗纹

减 19-1-10

48cm 210针

5cm 27行

编织方向　袖口 下针 2片

38cm 167针

领子结构图

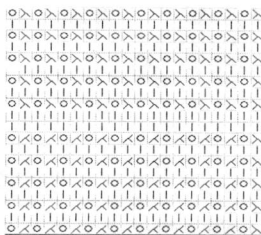

花样

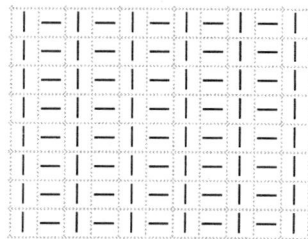

单罗纹图解

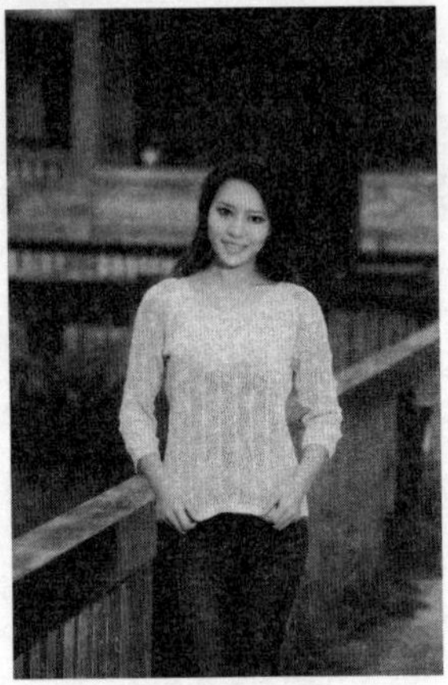

【成品尺寸】衣长58cm　胸围88cm　袖长(含单侧肩宽)48cm

【工具】3mm棒针

【材料】米白色丝光棉线400g

【密度】10cm²：30针×40行

【制作过程】

1. 后片：起132针，先编织2cm双罗纹针，然后改织花样27cm后再织8cm收袖窿。

2. 前片：与后片织法相同，在收袖窿6cm后开始收前领。

3. 袖片：起66针，先编织2cm双罗纹，针然后改织花样并如图示加针30cm后收袖山，编织两片。

4. 缝合：将前片、后片与袖片缝合。

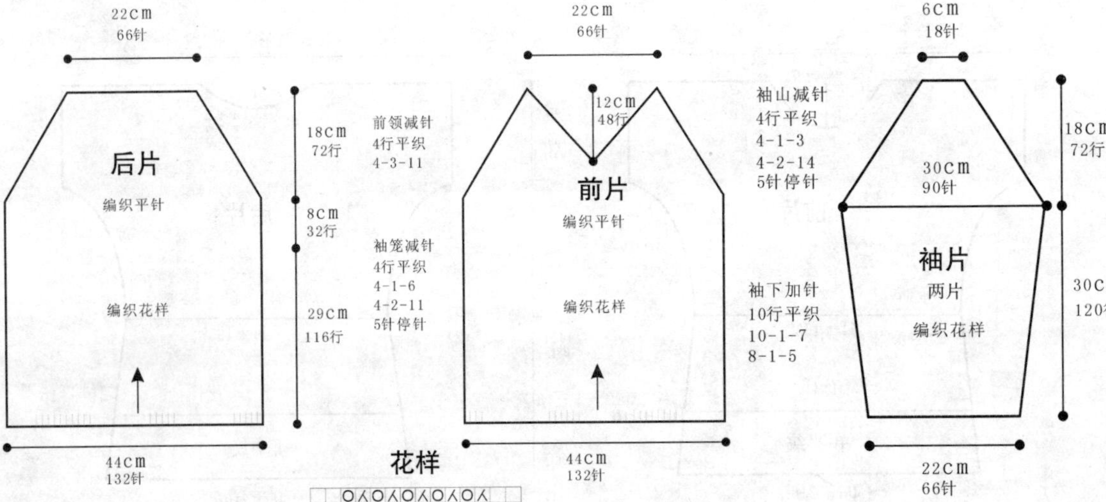
22cm
66针
后片
编织平针
编织花样
44cm
132针
18cm
72行
8cm
32行
29cm
116行
前领减针
4行平织
4-3-11
袖笼减针
4行平织
4-1-6
4-2-11
5针停针
22cm
66针
12cm
48行
前片
编织平针
编织花样
44cm
132针
袖山减针
4行平织
4-1-3
4-2-14
5针停针
袖下加针
10行平织
10-1-7
8-1-5
6cm
18针
30cm
90针
袖片
两片
编织花样
22cm
66针
18cm
72行
30cm
120行

花样

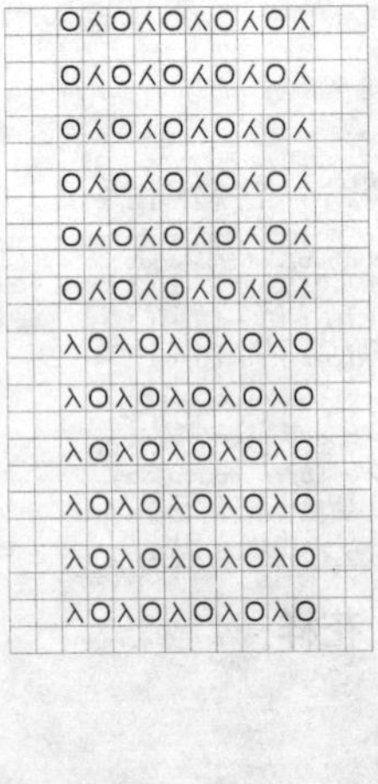

双罗纹图解

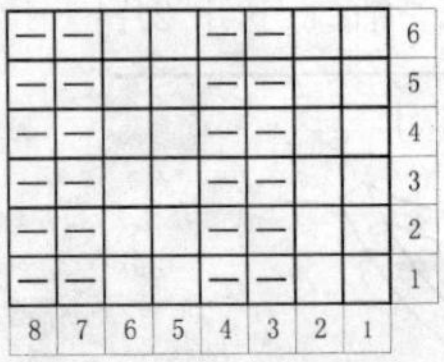
6
5
4
3
2
1
8 7 6 5 4 3 2 1

简约V领长袖衫

【成品尺寸】衣长70cm　胸围92cm　肩宽36cm　袖长58cm

【工具】2mm棒针

【材料】浅咖啡色毛线350g　深咖啡色毛线150g

【密度】10cm²：30针×36行

【制作过程】

1. 后片：用深咖啡色毛线起138针织28行单罗纹，换浅咖啡色毛线织锁链针，织44cm后如图所示收袖窿，在离衣长3cm处收后领，后片完成。

2. 前片：织法同后片一样，在与袖窿同时收前领。

3. 袖片：用深咖啡色毛线起66针织28行单罗纹针，换浅咖啡色毛线织锁链针，如图所示加针，38cm后开始收袖山，编织两片。

4. 口袋：用浅咖啡色线起45针编织39行锁链针后如图所示收袋口，然后用深咖啡色毛线在袋口编织8行单罗纹针，编织两片。

5. 缝合：将前、后片缝合后，安装袖子，再将口袋装在适合的位置。

6. 领：整个领圈挑216针，织双罗纹针14行后收针，然后中心位置缝合成鸡心样子。

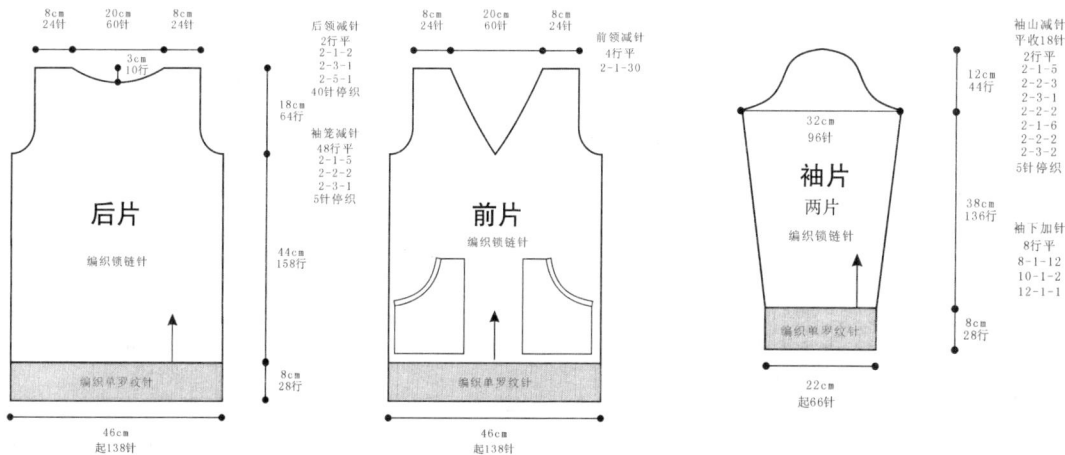

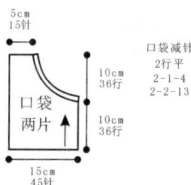

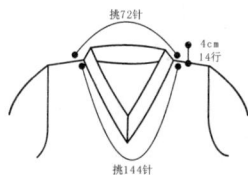

【成品尺寸】衣长57cm　袖长55cm　胸围96cm

【工具】7号棒针

【材料】墨绿色羔羊绒230g　白色羔羊绒60g　黑色羔羊绒40g

【密度】10cm²：21针×25行

【附件】纽扣2枚

【制作过程】单股线编织，毛衣由前片、后片、袖片组成。

　　1. 后片：起100针单罗纹针双层边，编织下针后片，编织35cm时开始袖窿减针，按结构图减完针后，不加减针编织到56cm时减出后领窝，两肩部各余10cm。

　　2. 前片：起78针完成单罗纹针双层边，编织花样A前下片，不加减针织20cm，收针断线。起78针完成单罗纹针双层边，然后配色编织花样B前片，一侧减出门襟，另一侧不加减针编织到15cm时进行袖窿减针，按结构图减完针后收针断线。同样方法完成另一片前片，减针方向相反。

　　3. 袖片：起70针下针双层边，从袖口编织下针袖片，两侧先加针编织，共织10cm，再减针编织，按结构图所示均匀加减针编织，袖长共编织45cm后开始袖山减针，按图所示减针后余16针，收针断线。同样方法再完成另一片袖片。

　　4. 缝合：沿边将前、后片缝实，缝合时将前片门襟交边位置叉重叠，沿衣领挑织下针双层边，再将前片上下片对接缝实，钉好纽扣。

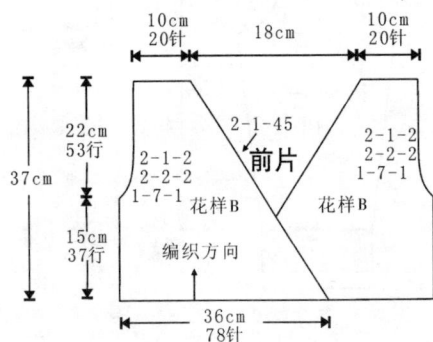

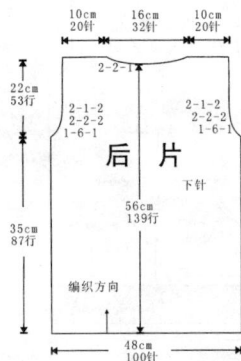

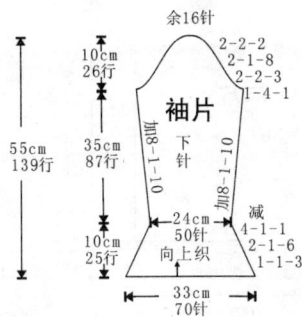

花样A

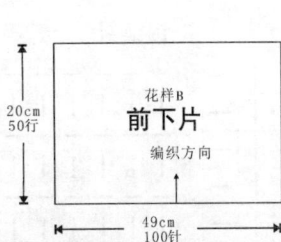

花样B

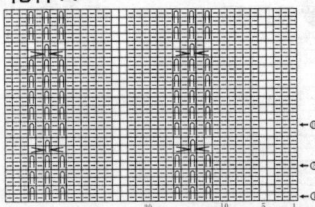

单罗纹图解

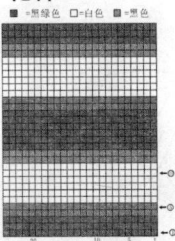

可爱蝙蝠衫

【成品尺寸】衣长65cm　胸围100cm

【工具】9号棒针

【材料】黑色中粗夹金毛线400g

【密度】10cm²：28针×38行

【附件】纽扣7枚

【制作过程】单股线编织，毛衣由前、后片组成。

　　1. 后片：起140针编织花样，编织140行时开始袖子加针，按结构图加针编织袖子，完成后领减针。

　　2. 前片：起针70针编织花样，按结构图留出袋口，编织140行时开始袖子加针，按结构图加针后收前领断线，挑起编织门襟注意留出扣眼。同样方法编织另一片。

　　3. 缝合：前、后片沿边对应相应位置缝实；袖口挑起编织花样；衣领挑起编织花样；织出高翻领；钉好纽扣。

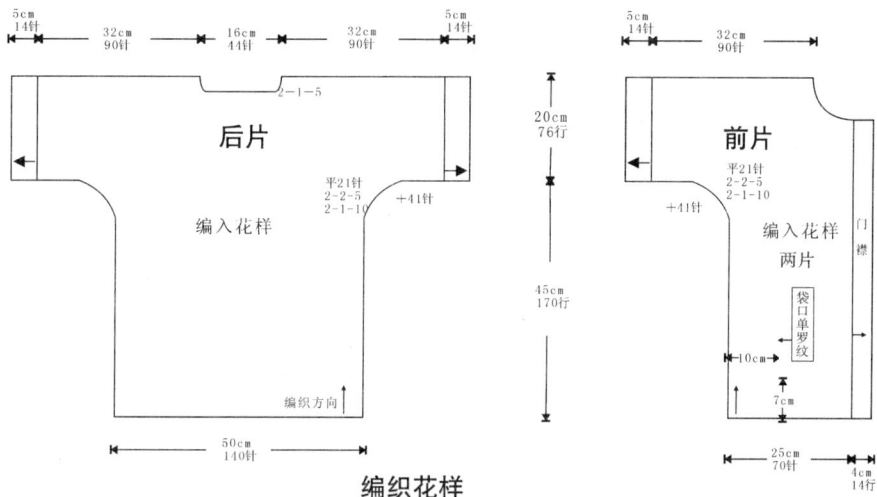

后片

5cm 14针　32cm 90针　16cm 44针　32cm 90针　5cm 14针

2-1-5

20cm 76行

平21针
2-2-5
2-1-10　+41针

编入花样

45cm 170行

编织方向

50cm 140针

前片

5cm 14针　32cm 90针

平21针
2-2-5
2-1-10

+41针

编入花样
两片

袋口单罗纹

门襟

10cm

7cm

25cm 70针　4cm 14行

编织花样

2针4行1花样

【成品尺寸】衣长60cm　胸围86cm　肩袖长60cm　领围50cm

【工具】13mm钢针　14mm钢针

【材料】黑色羊毛线一股550g　银丝毛线100g

【密度】10cm²：50针×62行

【附件】纽扣2枚

【制作过程】

1. 前片：单罗纹针起210针，单罗纹针织10cm，按花样说明，腋下加针织到38cm，按袖口加针，前领减针，肩斜减针织出前片。

2. 后片：编织方法与前片类似，不同之处为后片开领不同。

3. 整理：前、后片、肩部、腋下缝合。

4. 袖口：挑100针，单罗纹针编织10cm，织完一只后织另一只。

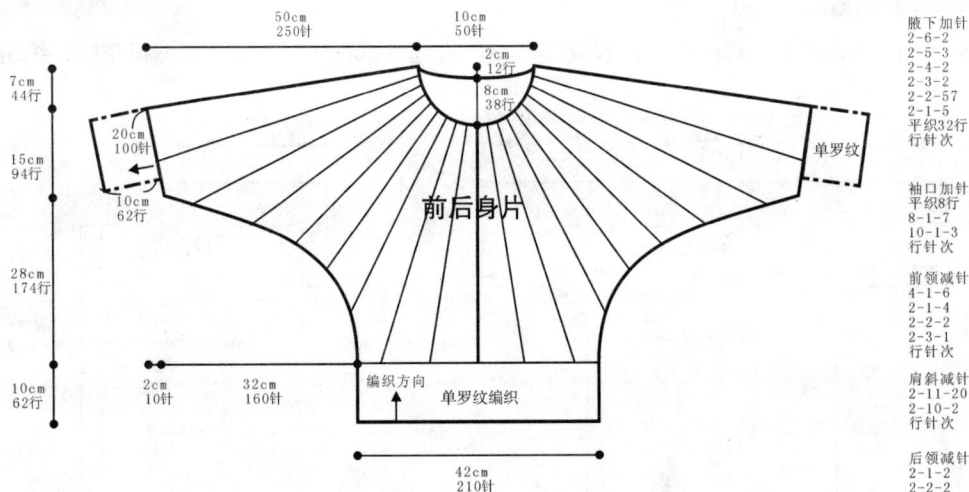

腋下加针
2-6-2
2-5-3
2-4-2
2-3-2
2-2-57
2-1-5
平织32行
行针次

袖口加针
平织8行
8-1-7
10-1-3
行针次

前领减针
4-1-6
2-1-4
2-2-2
2-3-1
行针次

肩斜减针
2-11-20
2-10-2
行针次

后领减针
2-1-2
2-2-2
2-3-1
2-4-1
平收28针
行针次

50cm
250针

10cm
50针

2cm
12行

8cm
38行

7cm
44行

20cm
100针

15cm
94行

10cm
62行

前后身片

单罗纹

28cm
174行

10cm
62行

2cm
10针

32cm
160针

编织方向
单罗纹编织

42cm
210针

花样说明：下摆单罗纹以上银丝线都为2针下针，黑线为40针上针，起头为21针，到领处，40针减为10针，共减30针，每8行减1针减30次

单罗纹图解

—		—		—		—		6
								5
—		—		—		—		4
								3
—		—		—		—		2
								1
8	7	6	5	4	3	2	1	

208

性感无袖毛衫

【成品尺寸】衣长60cm　胸围90cm

【工具】9号棒针

【材料】交织花色线190g

【密度】10cm²：25针×32行

【附件】纽扣2枚

【制作过程】单股线编织，背心由左、右片组成。

　　1. 前、后片：起114针整片编织花样前后片，不加减针织15cm时，距前边9cm处平收30针作袋口，编织第二行时再加上30针，共织20cm后，一侧不加减针继续编织，一侧减针编织，按图示减针后织40cm，全长共织60cm，收针断线。同样方法再完成另一片，减针方向相反。一侧留出扣眼位置。

2. 缝合：沿袋口挑织内侧袋面，完成后与前面袋片缝实，然后将两片对接缝合。钉好纽扣。

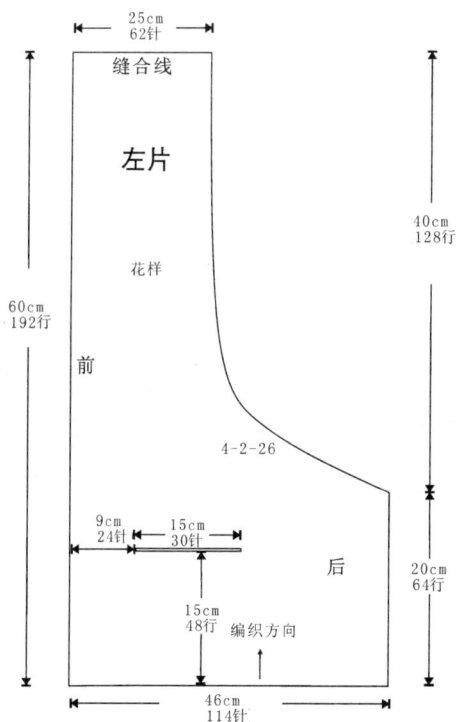

缝合示意图

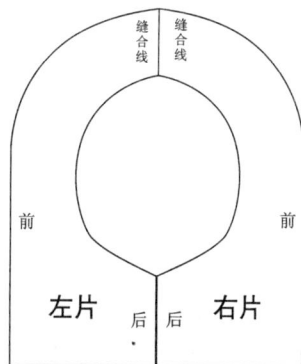

花样

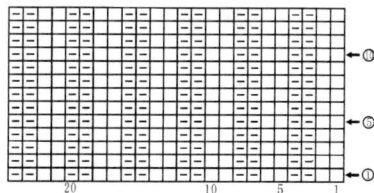

【成品尺寸】衣长76cm　胸围76cm

【工具】7号棒针

【材料】黑色缎染细马海毛线200g　白色细马海毛线320g

【密度】10cm²：21针×25行

【附件】装饰毛领

【制作过程】三股线编织，背心由前、后片组成。

　　1. 后片：三股黑色缎染线起100针双罗纹针，编织下针后片，编织14cm后，改为两股黑线缎染线一股白色线编织，织17cm后，更换为一股黑色段染线加两股白线编织，织12cm，然后换为三股白色线编织，两侧按图减针收针后，身长共织到53cm时开始袖窿减针，按结构图减完针后不加减针编织到74cm时减出后领窝，两肩部各余7cm。

　　2. 前片：同样方法完成前片，身长织到53cm时进行前领窝与袖窿减针，完成后断线。为使衣服减针美观，减针时先留出2针下针后再按图减针。

　　3. 缝合：沿边对应相应位置缝实。领边缝好装饰毛边领。

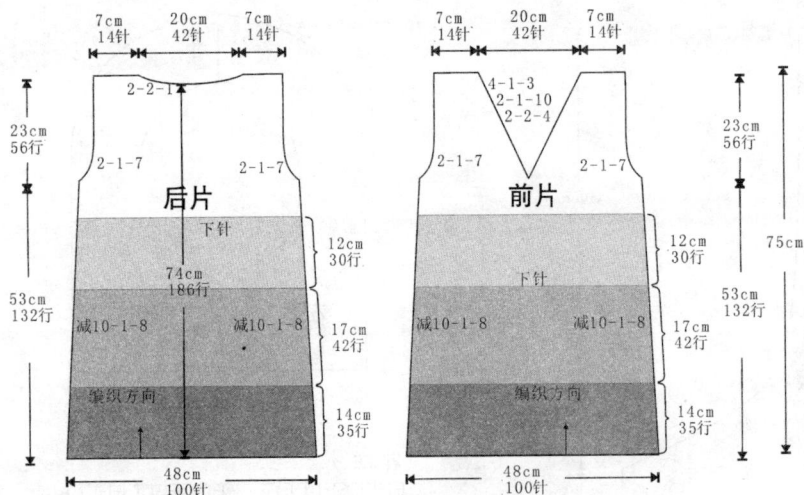

7cm 14针　20cm 42针　7cm 14针

2-2-1

23cm 56行

2-1-7　　2-1-7

后片

下针

12cm 30行

74cm 186行

减10-1-8　　减10-1-8

53cm 132行

17cm 42行

编织方向

14cm 35行

48cm 100针

7cm 14针　20cm 42针　7cm 14针

4-1-3
2-1-10
2-2-4

2-1-7　　2-1-7

前片

12cm 30行

下针

减10-1-8　　减10-1-8

17cm 42行

编织方向

14cm 35行

48cm 100针

23cm 56行

75cm

53cm 132行

花样

⑪

⑤

①

10　5　1

双罗纹图解

						6
						5
						4
						3
						2
						1
8	7	6	5	4	3	2	1

休闲V领条纹衫

【成品尺寸】衣长60cm　袖长46cm　胸围100cm

【工具】11号棒针　2mm钩针

【材料】白色细毛线400g　黑色细毛100g

【密度】$10cm^2$：30针×45行

【附件】装饰亮片12粒

【制作过程】单股线编织，毛衣由前、后片、袖片组成。

　　1. 后片：横向起针120针编织反针，4行白色毛线2行黑色毛线。按图示加针、减针留出袖窿、后领窝、下摆波浪边。

　　2. 前片：与后片同样编织方法。

　　3. 袖片：横向起针138针编织反针，4行白色毛线2行黑毛线交替编织，按图示加针、减针织出袖山、袖口波浪边。

　4. 缝合：沿边对应相应位置缝实。领口、衣下摆、袖口边用钩针（黑色线）钩织倒钩针花边。最后缝上装饰亮片。

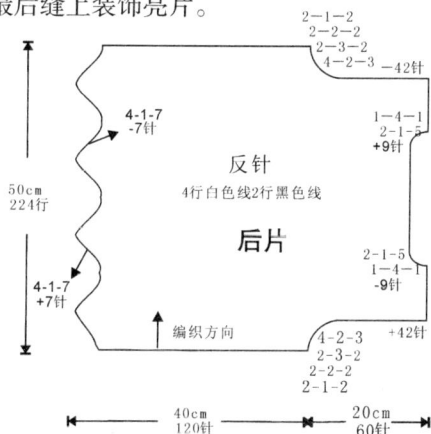

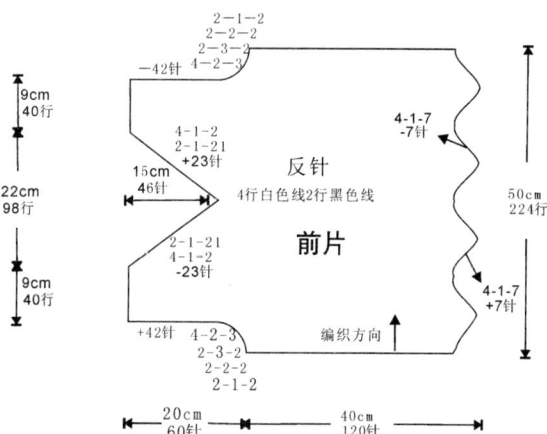

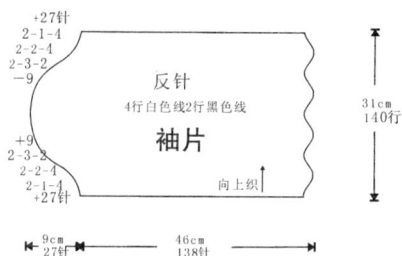

反针图解

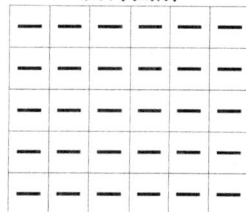

衣边、袖边花样

【成品尺寸】衣长50cm　胸围100cm　袖长(含单侧肩宽)48cm

【工具】6号棒针

【材料】黑色毛线300g

【密度】10cm²：18针×26行

【附件】纽扣3枚

【制作过程】

1. 后片：起90针，先编织5cm双罗纹针，然后改织编织花样，25cm后收袖窿。

2. 前片：起46针，同后片一样，在收袖窿的同时收前领，编织两片。

3. 袖片：起44针，先编织3cm双罗纹针，然后改织花样并按图示加针，25cm后收袖山，编织两片。

4. 缝合：将前、后片与袖子缝合好。整理：沿着门襟、领一圈起480针编织双罗纹针，织4cm后收针，注意留纽洞。最后缝好纽扣。

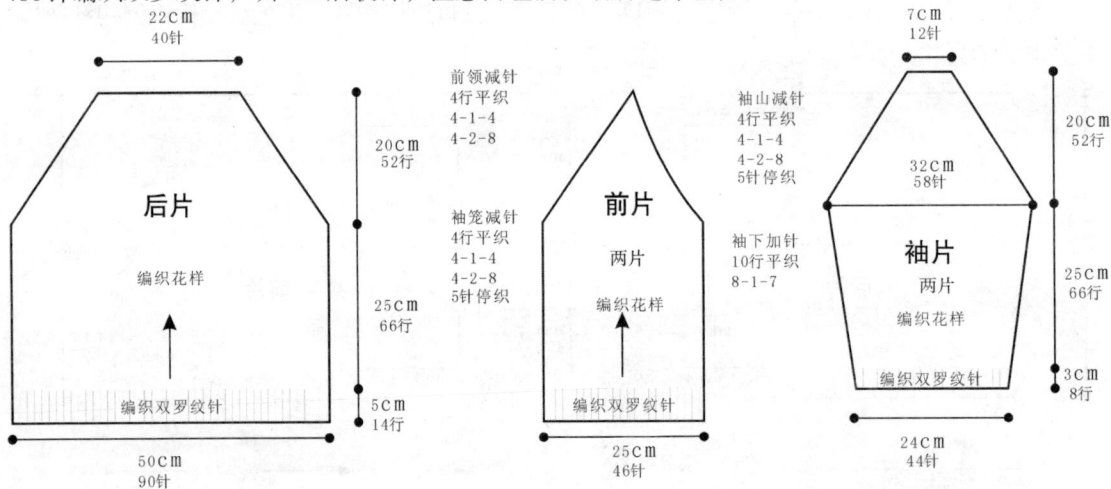

后片

22cm
40针

20cm
52行

编织花样

25cm
66行

编织双罗纹针

5cm
14行

50cm
90针

前片
两片

前领减针
4行平织
4-1-4
4-2-8

袖笼减针
4行平织
4-1-4
4-2-8
5针停织

编织花样

编织双罗纹针

25cm
46针

袖片
两片
编织花样

7cm
12针

袖山减针
4行平织
4-1-4
4-2-8
5针停织

袖下加针
10行平织
8-1-7

32cm
58针

20cm
52行

25cm
66行

编织双罗纹针

3cm
8行

24cm
44针

门襟+领共挑480针编织双罗纹针

双罗纹图解

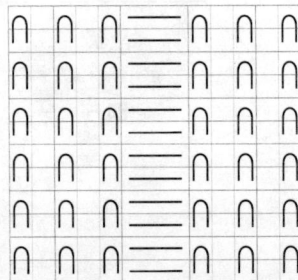

花样

白色圆领透视装

【成品尺寸】 衣长54cm　胸围84cm　肩宽38cm　袖长42cm

【工具】 6号棒针

【材料】 白色毛线500g

【密度】 10cm²：15针×30行

【制作过程】

1. 前、后片：单罗纹起针法起64针，单罗纹针编织2cm，按图解24针、16针、24针织入下针、镂空针、下针。织镂空针时，先把对应的16针收针，往上织32cm后按袖窿减针及领减针织出袖窿和领，因后片与前片相同，再用相同方法织一片。

2. 袖片（两片）：单罗纹起针法起36针，单罗纹针编织2cm，按图解14针、8针、14针，织入下针、镂空针、下针。按袖下加针织27cm，按袖山减针织出袖山。

3. 缝合：两片身片肩部、腋下缝合；袖片、袖下缝合；装袖。

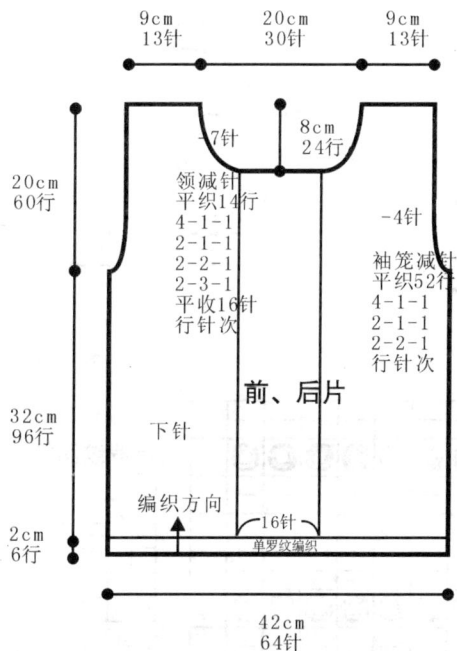

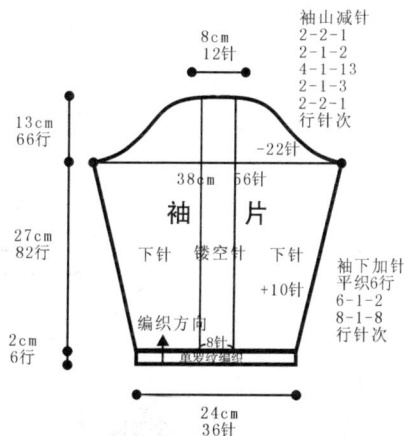

前、后片

9cm 13针　20cm 30针　9cm 13针

-7针　8cm 24行

20cm 60行

领减针
平织14行
4-1-1
2-1-1
2-2-1
2-3-1
平收16针
行针次

-4针

袖笼减针
平织52行
4-1-1
2-1-1
2-2-1
行针次

32cm 96行

下针

编织方向

-16针

单罗纹编织

2cm 6行

42cm 64针

袖片

8cm 12针

袖山减针
2-2-1
2-1-2
4-1-13
2-1-3
2-2-1
行针次

13cm 66行

-22针

38cm 56针

袖片

27cm 82行

下针　镂空针　下针

袖下加针
平织6行
6-1-2
8-1-8
行针次

+10针

编织方向

-8针

2cm 6行

单罗纹编织

24cm 36针

单罗纹图解

							6
							5
							4
							3
							2
							1
8	7	6	5	4	3	2	1

【成品尺寸】衣长54cm　胸围84cm　肩宽38cm　袖长30cm

【工具】6号棒针

【材料】白色毛线500g

【密度】10cm²：20针×30行

【制作过程】

1. 前片：普通起针法起84针，编织花样B24cm后，编织花样A，袖窿及前领减针见花样A图解。

2. 后片：单罗纹针起针法起84针，单罗纹针织2cm，下针编织30cm后按袖窿减针及后领减针织出袖窿和前领。

3. 袖片（两片）：单罗纹针起针法52针，单罗纹针织2cm，按袖下加针下针编织15cm，按袖山减针织出袖山。

4. 整理：前、后片肩部、腋下缝合，注意花纹连接处；袖片、腋下缝合；装袖。

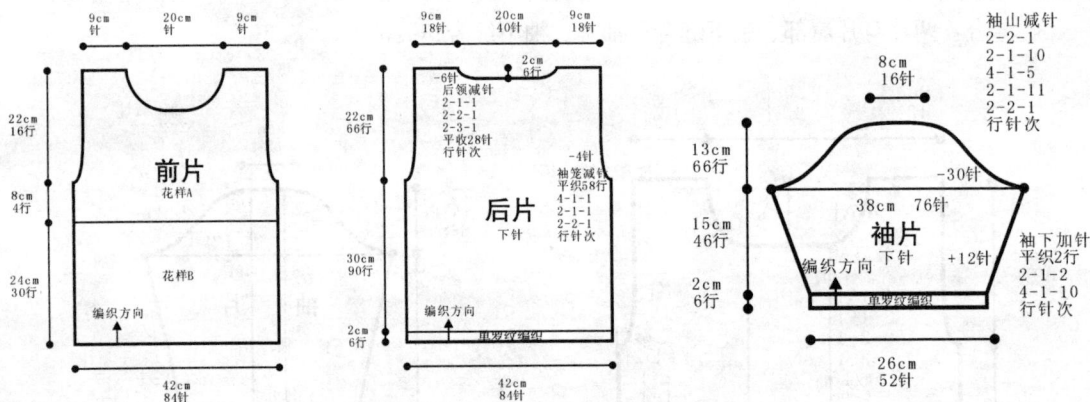

前片

后片

袖片

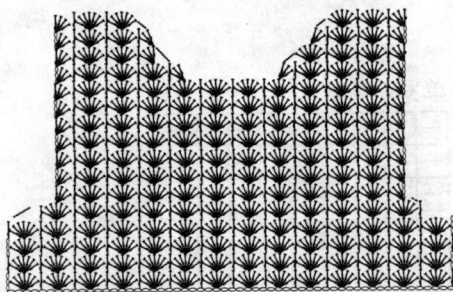

花样A

花样B

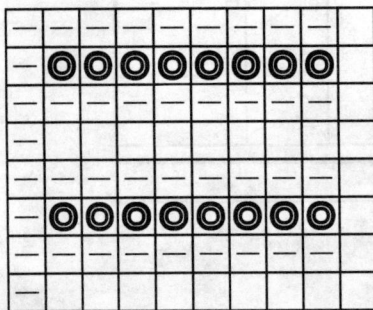

单罗纹图解

【成品尺寸】衣长60cm　袖长44cm　胸围90cm

【工具】9号棒针　4号钩针

【材料】奶白色丝带线220g

【密度】10cm²：21针×28行

【制作过程】单股线编织，衣服由前、后片、袖片组成。

　　1. 后片：起94针编织上针后片，织到42cm时按结构图开始袖窿减针。完成减针后不加减针编织到肩部，收针断线。

　　2. 前片：圈起钩织短针拉丝单元小花。起94cm辫子针，钩合单元小花向上钩织鱼鳞花，两侧不对称。从钩花边同方向挑织上针前片，身长共织42cm时，先进行袖窿减针，一侧织到12cm时开始进行前片领窝减针，一侧完成正常的编织袖窿减针。

　　3. 袖片：起58针从袖口编织上针袖片，按结构图完成加减针后，再进行袖山减针，共织44cm后收针断线。

　　4. 缝合：沿边对应位置缝合。挑钩装饰领边。

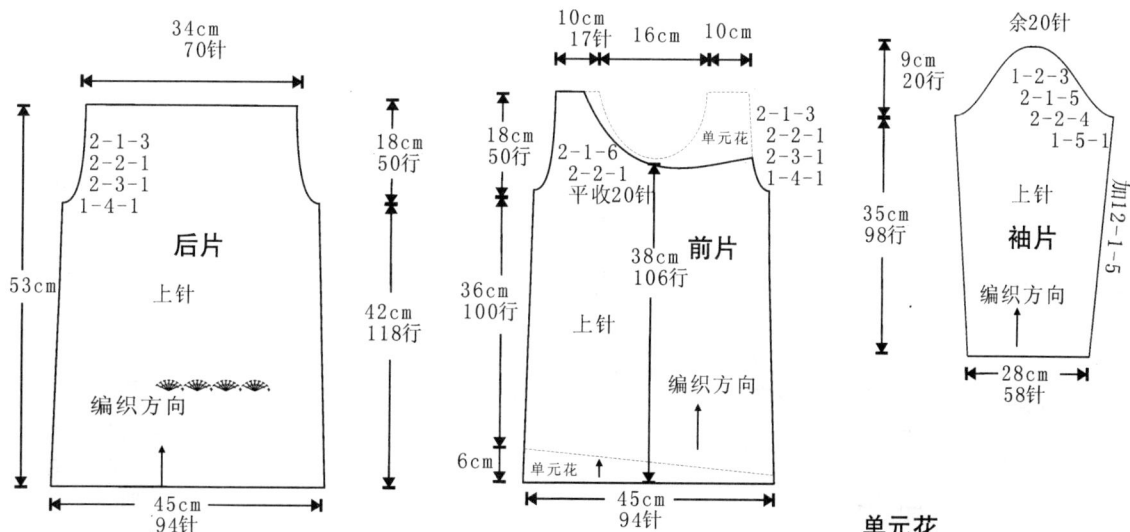

34cm
70针

2-1-3
2-2-1
2-3-1
1-4-1

后片

上针

18cm
50行

42cm
118行

53cm

编织方向

45cm
94针

10cm
17针　16cm　10cm

18cm
50行

2-1-6
2-2-1
平收20针

2-1-3
2-2-1
2-3-1
1-4-1

单元花

前片

上针

36cm
100行

38cm
106行

编织方向

6cm

单元花

45cm
94针

9cm
20行

余20针

1-2-3
2-1-5
2-2-4
1-5-1

上针

袖片

35cm
98行

加12-1-5

编织方向

28cm
58针

装饰边花样

单元花

215

编织符号说明

符号	名称	符号	名称	符号	名称	符号	名称
	上针		1针加3针		右上3针交叉		右上1针和左下2针交叉
	下针		3针并1针		左上3针交叉		左上1针和右下2针交叉
	空针		1针放2针		左上6针交叉		右上5针和左下5针
	拉针		2针并1针		左上1针交叉		右上3针和左下3针
	长针		1针放2针		右上1针交叉		1针扭扭针和1针上针右上交叉
	扣眼		上针吊针		左上2针并1针		1针扭扭针和1针上针左上交叉
	滑针		编织方向		右上2针并1针		右上3针中间1针交叉
	锁针		空针浮针		3针2行节编织		1针下针中间左上2针交叉
	浮针		右侧加针		右上3针并1针		2针下针和1针上针左上交叉
	短针		左侧加针		中上3针并1针		2针下针和1针上针右上交叉
	扭针		延伸上针		长针1针放2针		绕双线织下针，并把线套绕到正面
	挑针		上针拨收		长针2针并1针		
	辫子针		5针并1针1针放5针		1针里加出5针		
	穿左针		减1针加1针		长针3针枣形针		
	延伸针		平加出3针		1针放3针的加针		
	中长线		7针平收针		1针放5针的加针		
	扭上针		右上2针交叉		上针左上2针并1针		
	上拉针		卷3圈的卷针		长针1针中心交叉		
	狗牙针		右上4针交叉		右上2针和左下1针交叉		
	4行吊针						

216